藍學堂

學習 · 奇趣 · 輕鬆讀

逼人買到剁手指的77個文案促購技巧

抓住眼球、刺進要害、留在心上的廣告文案力

川上徹也————著　涂綺芳————譯

ひと言で気持ちをとらえて、離さない77のテクニック
キャッチコピー力の基本

我想送我們部門每人一本

劉鴻徵

太棒了！怎麼會有這麼結構嚴謹，創意濃度又高的一本文案教科書！

從事廣告行銷相關工作 25 年以來，雖然都是站在客戶方來看廣告創意，但有時看資淺的文案人員提出的文字，像是小時候常用的香水日記上的廉價格言，或是大量應用三秒鐘無腦諧音法，真想寫一本教材來跟大家分享，**這本書就是我一直想要做的事，川上先生相當完整地整理了他的經驗，也把我過去的經驗做了很好的整理。**

像是我們過去常用的類比法，就是幫助消費者把產品放在什麼位子思考！

例如以前在 7-ELEVEn 賣雞排漢堡，一個要 39 元，當時一般便利店漢堡大概 20 元，如何賣？因此我們就把漢堡大亨類比專業的速食店，打出「全國最大漢堡連鎖店」，相較於漢堡店的雞排堡，只要半價 39 元，結果大賣。

City café 剛開始賣的時候也想像美國一樣寫「coffee to go」之類強調快速的美式節奏，但直到標竿星巴克，我們決定以「整個城市就是我的咖啡館」搭配廣告意境、彌補店頭情境的不足，但價格卻只有一半，才逐漸賣起來。

書中還有提到一點：說出自己的感動，這也勾起了我的回憶，要怎樣賣出一甕 4,000 元的佛跳牆，給精打細算的家庭主婦？因為大家都在講食材多珍貴，毫無差異性，後來我以自己的經驗寫出：「今年帶這一甕回家，讓爸媽知道我過得還不錯！」創造高單價也能在全聯熱賣的案例。

　　所謂的創意，就是把兩件不相干甚至對立的事情寫在一起，我們最近把硬邦邦的省錢經濟跟時尚美學結合，產生了「長得漂亮是本錢，把錢花得漂亮是本事」的全聯經濟美學經典名句，帶動年輕人開始走進全聯。

　　這本書不但適合廣告行銷人員，在人人都是媒體的時代，不管經營自己的粉絲頁，或是磨練簡報技巧，都需要言簡意賅地傳達一個觀念，我們說：好的革命家都是好的演說家，政治人物更需要良好的文案能力作為論述基礎，當然，全聯努力要做的論述，就是把「節儉就是美德」講得更有道理，更有共鳴！

　　這本書雖然輕薄短小，但因為結構簡明，省去一般廣告人寫書，婆婆媽媽的人生甘苦談，所以讀起來很清楚，但因為案例需要咀嚼才有體會，反而會很慢，就像坐慢車一樣：票價便宜但是可以坐很久，所以真的很超值！

　　不如就讓我們翻開下一頁，細細品嘗文案的奧妙吧！

（本文作者為全聯福利中心 行銷部協理）

比金門菜刀還利

黃麗燕

　　廣告公司的作業流程大致是這樣的：公司接到來自客戶的需求後，策略部門會先研究到底「什麼訊息」（what）最能打動目標消費者，然後創意人員就會思考「如何」（how）表達這個訊息，找出「創意點」。這個創意點可能是充滿畫面張力、有趣的比喻、與時事相關、從商品個性出發，或者有趣的對比……。

　　每次討論創意的過程都很快樂、興奮，但有了畫面或腳本時，卻往往會在一個地方卡很久：「這個標題可不可以再厲害一點？」「為何這個標題可以打動人心？」（why）

　　在公司中，常常可以看到活在平行時空的同仁，不是眼神失焦地走向茶水間，就是魂不守舍地站在走廊望著無盡的天空。若與某人擦身而過，和他打招呼而他卻沒回應時，不要以為他沒禮貌，他八成是文案人員，正絞盡腦汁在想那個厲害的標題。

　　因為**好的文案能像刀子一樣直入人心。**

　　李奧貝納之前為麥當勞咖啡 McCafé 製作了一段網路影片，片中年輕的兒子緊張地在對話杯上寫下「我喜歡男生」向父親出櫃，父親只用筆補上了三個字，但這三個字讓好幾百萬人流下眼淚——我「接受你」喜歡男生。只有三個字，卻能準確而動人地呈現「讓對話更有溫度」的品牌主張。這就是鋒利的文案。

本書正像是幫助你文案之刀「開鋒」的絕佳工具，77 種技巧就像 77 塊不同的磨刀石，讓你磨出比金門菜刀還鋒利的文案力。讓你的文案刀能幫助自己或客戶的生意成長，讓消費者買到想剁手指，不過也不要忘了，它也可能成為傷人的工具，我們必須時時刻刻反省自己擁有強大武器後的社會責任。

再好的武器，也需要時時磨鍊，擅用這 77 塊不同的磨刀石，讓你的刀比金門菜刀還利，也確保剁下的都是顧客想要的。

（本文作者為李奧貝納集團執行長暨大中華區總裁）

文案寫作是一段精神旅程

鄭緯筌 Vista

嗯，文案是什麼？和一般的文章有什麼不同？

如果有上過我的文案課的同學，一定會知道：文案寫作，其實不只是舞文弄墨，更是一段精神旅程。

換言之，成功的文案寫作，會綜合反映出你全部的經歷、專業知識，同時有助於你加工這些資訊，並以銷售產品或服務為目的，將之傳達給目標閱聽眾（TA，Target Audience）。

《逼人買到剁手指的77個文案促購技巧》的作者川上徹也，是一位很有經驗的資深廣告人。他在書中提到撰寫文案需要注意三大基本原則，也就是：讓對方認為與自己有關、使用強勁有力的字句，以及讓對方心中產生：「為什麼？」

我很認同這三點原則，就像每次上課時我總不忘叮嚀同學，在撰寫商品文案之前要先想清楚：誰會讀到這份文案？你想要打動哪個族群？你想推薦的商品是什麼？有何獨特之處？還有一個重點，就是這份文案究竟要達成什麼目的？

很多人容易犯一個毛病，總是喜歡在廣告文案中寫自己想寫的東西（好比特別花篇幅介紹功能、規格或價格，卻從來不說有何特別的使用體驗和對消費者的利益），卻不曾思索什麼是潛在消費者所在意的？要知道，如果我們不能跟群眾用同樣的角度來

思考，即使文案寫得再華麗，終究很難發揮效用。

坊間的文案書其實不少，無論是自歐美引進，或是本國作者的論述，大多在談理論，或是以案例介紹為主。經典案例固然精采，也值得細細品味，但如果無法清楚得知其發想、設計的脈絡，以及背後的原理；那麼，我們很難複製原創者的成功祕訣與經驗。

川上徹也的這本《逼人買到剁手指的77個文案促購技巧》，從書名就可以得知主要講授的是促進銷售的技巧，也就是要透過文案的力量，幫助大家抓住消費者的眼球，進而傳遞獨特的價值主張，最後持續留在每個人的心中，並對消費決策產生影響。

對於本書作者我並不陌生，因為之前已經拜讀過他的著作，像是《為什麼超級業務員都想學故事銷售》、《星星山丘の「奇蹟小店」打敗企業大鯨魚》以及《為什麼會說故事的人，賺的比較多？》等。這回，他為我們帶來的**《逼人買到剁手指的77個文案促購技巧》，堪稱是一本偏重於傳授廣告文案實務技巧的教戰手冊。**

我特別喜歡這本書的原因，是**作者擅長用淺顯的文字來說明，並能舉出大量實例**，相信閱讀之後會更有感受。其實，想要寫好文案別無他法，必須仰賴大量的閱讀、觀察和實作。如果你對文案寫作很感興趣，我很樂意向大家推薦這本好書。

（本文作者為臺灣電子商務創業聯誼會理事長）

CONTENTS
目錄

第1章　撰寫文案的三大基本原則

第2章　讓文字「堅硬有力」

第3章 [讓讀者「思考」]

第4章　運用「順口」的句子

第 **5** 章　［ **鍛鍊「譬喻力」** ］

第 **6** 章　［ **儲蓄「名言」** ］

第7章　透過「組合」產生變化

一本書躍升你的文案促購力

各位是否曾有下列經驗？

- 明明是好商品卻賣不出去。
- 挑燈夜戰的企畫書，大家看了標題後就不看內容。
- 自己寫的部落格文章，得不到任何回應。
- 時常被上司或客戶說：「所以你的結論是？」
- 即使在會議上發言也會遭到忽略。

這些都是「廣告文案力」不足使然。

各位是不是以為只有「專業文案人員」才能寫出好的廣告文案？

事實上，能夠寫出「抓住眼球、刺進要害、留在心上」的文案能力，並不是專業文案人員的專利，反倒是許多一般上班族最需要具備的技巧。

企畫書或簡報提案的標題，往往會影響讀者認真看待的程度。賣場陳列的 POP 廣告（Point of Purchase Advertising）也是一樣，如果沒有任何「吸引目光之處」，就無法達成任何效果。

無論是郵件、電子報、部落格、推特或臉書等社群網站，大多以文書形式作為主要溝通方式。我想請問各位，你會仔細閱讀每一個字嗎？

　　會留在各位記憶裡的，想必只有標題或特別的字眼吧？再者，對文章標題無感，往往就不會想要深入閱讀；即使點進去看，通常也只是大致瞄過，完全無法吸收。

　　不只是文書溝通，就連口語表達也是如此。例如，簡報提案被接受與否的關鍵，就在於是否能說出令人印象深刻的字眼。在會議中發言也是，與其說明一大堆，倒不如說出強而有力又令人印象深刻的簡短話語，更能獲得好評。

　　是的，以現今社會來說，最重要的就是「命名」、「稱號」、「標題」，以及「經典台詞」等，能夠瞬間刺進接收方的要害，並掌握對方內心的「一句話」。

　　本書將這種簡短又精準的表達能力，稱之為「廣告文案力」。

　　市面上可見到許多教導撰寫作文、廣告及行銷廣告文案的書籍，不可思議的是，卻鮮少書能解決一般上班族在職場所遇到的問題。

　　「希望寫出能激發讀者情感的書名與標題」、「希望想出適用於企畫書或簡報的經典台詞」，或是「想寫出能夠大賣的文案」等，幾乎沒有一本書能滿足這些商務人士的心願。

　　本書就是因應讀者需求，以磨練「廣告文案力」為目標的書。接下來，我會分成 9 大面向，公開練就「廣告文案力」的基

本技巧，只要能夠掌握這 77 個技巧，便能更上一層樓。

看完這本書，各位長久以來的煩惱就會煙消雲散，一定能想出更好的命名、稱號、標題和經典台詞。請各位透過此書，**培養工作上最重要卻無人教導的「廣告文案力」**吧！

本書會透過實例解說，以淺顯易懂的方式讓每一位讀者都能培養撰寫廣告文案的能力。本書主要是以年輕與商務中堅人士為目標讀者，但對於時常需確認下屬的企畫書或簡報等，出外打滾多年的社會人士，應該也能暗中派上用場。

書中提及的「**範例**」主要引用自下列地方[1]：

- 廣告文案。
- 書籍之書名、書腰及目錄文案。
- 雜誌、報紙等標題與文案。
- 電影宣傳文案。
- 部落格、電子報及推銷信件等標題。
- 世界名言。
- 隨處聽到、看到令人印象深刻的句子。

各位若能將這本書放在公司桌上，當成字典般經常使用，對我來說就是最幸福的事。

---

[1] 書名或雜誌標題等能識別的部分，已盡量隨文附注。不過，若是廣告文案等媒體發布的內容則會省略。

第 **1** 章

撰寫文案的三大基本原則

讓對方認為與自己有關

> 若人們不認為「與自己有關」，就無法產生感動。廣告文案力的根本就在這裡。因此，要如何撰寫文案，「讓對方認為與自己有關」就是最重要的事。在這個資訊爆炸的網路社會，大家通常都會忽略與自己無關的訊息。
>
> 因此，與其對多數人喊話，倒不如針對特定對象加以說服，成效會比較高。

書店中的書籍百百種，尤其實用和商業類書更是多到令人目不暇給。這些書若無法透過書名「和讀者產生關聯」，就無法讓讀者拿起書本，翻譯書更會因為書名翻譯而大大影響銷量。請參考下列案例：

普通▶	《工作的整理術》
	⬇
範例▶	《給不知不覺桌子就雜亂不堪的你》

《給不知不覺桌子就雜亂不堪的你》一書是利茲・戴文波特（Liz Davenport）的著作 *Order from Chaos* 的日文版書名翻譯[1]。原書名直譯是《從混沌中找出秩序》，但這種書名根本無法讓讀

者掌握內容。

該書重點在於「工作的整理技巧」（不光只是收拾整理桌子而已），當初編輯和譯者想必為了擬定最具說服力的日文書名而煩惱不已。一般而言，當時應該有許多候選書名，像是「工作的整理術」等，但最後選出的就是「範例」的書名。

現實中，「不知不覺桌子就變得雜亂不堪」應該是許多人曾有的經歷，看到此書名，符合上述狀況的人就會感到：「啊，這就是在說我！」最重要的就是這個感覺。

雖然，光是看到《給不知不覺桌子就雜亂不堪的你》無法得知書籍的具體內容，不過，認為「這本書與自己有關」的人，就會在書店裡把它拿起來，然後走到收銀台。正因為如此，這本書成了暢銷書。

同樣手法亦可用在雜誌標題、捷運手把廣告或報紙廣告上。許多人都是先看廣告再決定要不要購買，這時候更必須讓讀者認為「與自己有關」，否則無法引起讀者的興趣。下列**範例**則是《AERA》雜誌的標題。

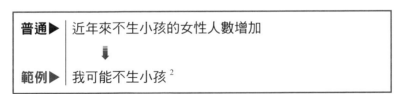

> **普通▶** 近年來不生小孩的女性人數增加
>
> ⬇
>
> **範例▶** 我可能不生小孩[2]

對女性來說，「是否要生小孩」是影響人生的一大問題。不過，對尚未生過小孩的女性來說，心裡可能會有些擔心，但又覺

得這個問題言之過早。

以「**普通**」的寫法來看，由於讀者無法獲得共鳴，所以可能只會說聲：「噢，是喔。」就不了了之。若能寫出「**範例**」水準的文案，就能讓人感同身受，認為：「我可能也不會生小孩吧！」而想要進一步閱讀報導內容。

無論是何種情況，只要是「需引起對方注意」的工作，最終原則就是要讓對方認為「與自己有關」。不光是書名、雜誌標題、廣告文案，或像是直郵廣告（direct mail，簡稱 DM）、新聞稿以及電子報等，不限定對象的宣傳方式更需多加留意。這類廣告常會讓接收方覺得「與自己毫無關聯」而選擇直接忽略。

以 DM 為例，試著想一想：大多數人是不是都會在發現拿到的是 DM 後就馬上丟棄？若是如此，這裡的重點就是要讓 DM 看起來不像 DM。如果能像寄信給朋友一般，每一位接收者所收到的內容都不盡相同，就有可能讓對方認為「與自己有關」而獲得最佳效果。

不過，事實上大多時候不可能達到個別應對，所以才需要活用本書提出的多種提示，一同想出能讓對方認為「與自己有關」的字句。

---

1 日文名『気がつくと机がぐちゃぐちゃになっているあなたへ』（平石律子譯／草思社）。

2 出自：《AERA》（2009 年 12 月 7 日號／朝日新聞出版）。

技巧 02 | 使用強勁有力的字句

> 　　語言有強弱之分。簡單說，能令人「印象深刻」、「刺入心坎」，以及「想立即行動」的字句，就會顯得強勁有力；相反地，「陳腔濫調」、「隨處可見」，以及「無法撼動人心」的話語就會軟弱無力。
>
> 　　強勁有力的話語最能抓住讀者的心。不過，同一句話在不同的場合，強弱程度也會有極大差異。在某個場合強而有力的字句，換個地方卻可能顯得毫無說服力，這些情況非常可能發生。

　　世界上沒有什麼詞語，只要一使用就能讓文案變得強勁有力，這種「神奇字句」並不存在。（雖然技巧 58 就是在介紹這點，但卻需要視時間場合使用。）

　　不過，只要記住下列最底限的兩個要點，就可能創造出強勁有力的文案。

① 盡量具體，避免抽象的表達。
② 避免隨處可見的常用句型。

　　在此向各位說明①的使用方法。假設你是零食廠商的業務，

現在要推銷一款巧克力，口感有別於市面上有史以來的所有商品。請問各位要如何向顧客說明這種情況呢？

| **普通▶** | 融於口中的感覺，十分新奇 |

這種說明過於抽象，無法打動人心。或許可以試著用更具體的說明。

| **改善▶** | 放入口中就會瞬間融化消失 |

當說明方式更具體，話語就會變得較為有力。看到這句「放入口中就會瞬間融化消失的巧克力」，應該任誰都會想要體驗看看吧！

接下來，說明②的使用方法。無論是有意或無意，我們每天都會接觸到數量龐大的文案，在不知不覺中就會受到影響。因此，在不經刻意思考下撰寫的文案，往往會無意間和讀過的文案非常類似。

例如，一般人常光顧的餐飲店會常用「講究」、「嚴選」、「獨特做法」及「私房配方」等字句。只要文案中用了這些語句，乍看之下就會極為相像。實際上，翻開介紹餐廳的情報誌，就會發現這些詞語多到令人厭煩。

這種文案其實有寫沒寫都沒什麼不同。現在這個社會，不講

究的餐廳根本無法生存下去。這就是寫文案的人自認為有做出差異，但接收方卻會輕易忽略的案例。

接下來的案例是某間串燒店介紹烹飪方式的文案。

普通▶ │ 用炭火慢烤的嚴選新鮮雞肉

如果那個城鎮只有一間燒烤店，這樣的文案或許還行得通。不過，一旦面臨競爭激烈的環境，這樣的文案就還不夠完善。因為這個文案沒辦法與其他店家做出差異化。「嚴選」、「新鮮」及「炭火」等詞彙，在現今社會早已淪為軟弱無力的陳腔濫調。因此，必須寫出更具體的食材與烹飪方法，才能強化力道。我們或許可以將同樣的條件，改為下列內容。

- 新鮮 ➡ 早上現宰
- 嚴選 ➡ 薩摩雞
- 炭火 ➡ 備長炭
- 慢烤 ➡ 滋滋作響、香嫩多汁

改善▶ │ ↓
早上現宰的薩摩雞，用備長炭慢烤到滋滋作響、香嫩多汁

當然，若是在串燒店的熱戰區，這篇文案還有需要改進的地方。不過一般而言，只要避免用那些陳腔濫調的常用句，話語強

度就會提高許多。

　想必各位常在工作上遇到需要撰寫文章的機會，這種時候，就必須培養檢查的習慣，無論是書名、標題、商品說明及文案等，都需要確認語句「是否抽象」和「是否淪為陳腔濫調」。如果發現確實有此情況，請盡量改寫成下列較具體的說法：

- 迅速回覆 ➡ 一定會在當天內回應
- 種類豐富 ➡ 品項高達 32 種
- 認同 ➡ 只要用過一次，必定成為常客
- 好吃 ➡ 連最後一滴都會喝完
- 便宜 ➡ 可用舊商品以超低價換購

　只要培養出這個習慣，各位的「廣告文案力」一定得以顯著提升。

　本書第 7 章、第 8 章即在說明強化語詞力道的具體技巧，請各位當作參考。

強化語詞

技巧 **03** ［ 讓對方心中產生：
「為什麼？」 ］

> 　　人只要聽到違背自己常識的事情，就會在腦中產生「為什麼」。
>
> 　　又或者，當別人丟出自己從未深入思考的問題，並要求自己同意時，一般人也會懷疑：「為什麼要那麼做？」
>
> 　　然後，為了找出解決問題的答案，就會想要繼續看完其中的內容。

　　有許多書名、雜誌標題、商品說明及文案都是採取這種手法。下列幾項全都是日本暢銷書的書名。

範例▶ • 《傷口千萬不要消毒》[1]
　　　　• 《千萬別撿千元大鈔》[2]
　　　　• 《要對顧客差別待遇》[3]
　　　　• 《業務要會拒絕》[4]
　　　　• 《為什麼不能以第一名為目標？》[5]
　　　　• 《非常識成功法則》[6]

　　各位可以看到，每一本書名的訴求，都違背一般人的常識。這時候，接收方就會產生「為什麼」的疑問。這裡之所以會使用命令句，就是為了讓情感更強烈。

看了這些書名，各位是否會產生興趣，想知道裡面究竟寫些什麼呢？（不過，最近有很多書都採用如此手法，可能已經讓人感到乏味了。）

此外，也有些書籍會透過書名丟出問題，讓人覺得「經你這麼一說，好像真的是這樣」，而產生疑問。

範例▶	• 《叫賣竹竿的小販為什麼不會倒？》[7]
	• 《為什麼企業高管都要打高爾夫？》[8]
	• 《為什麼濱崎橋會塞車？》[9]
	• 《社長的賓士車為什麼是四門的？》[10]
	• 《為什麼外星人不來地球？》[11]
	• 《好奸詐！為什麼歐美人能毫不在意地改變規則？》[12]

一旦有人提出這些問題，我們就會產生「為什麼會這樣」的疑問，進而想找到答案。這些方法不僅適用於書名，也可作為其他用途。首先要介紹的技巧是「違背常識」的想法。請各位試想，若要對一間以「顧客至上」為理念的公司提出新的企業理念，應該如何設定提案書的標題呢？一般來說，可能會提出下列方案。

普通▶	嶄新的企業理念提案

看到這種標題，並不會讓人引起往下看的意願，因此或許可改成下列標題。

改善▶	↓ 接下來的時代，「顧客至上」的公司將會倒閉

看到這種標題，對方可能會生氣而抗拒。不過，通常也會產生興趣，想要知道背後的答案。這時候，若能確實說明為什麼一直以來的「顧客至上主義」行不通，十之八九就能深深抓住對方的心。

接下來，請各位看看，沿用上一個主題，利用「經你這麼一說，好像真是如此」的方式改寫，會變得如何？

普通▶	嶄新的企業理念提案
	⬇
改善▶	秉持「顧客至上主義」的公司，為什麼無法做到「顧客至上」？

有許多公司雖然標榜「顧客至上」，但實際上真正「將顧客擺在第一位」的企業可說是少之又少。

面對這種問題，被逼問的一方往往會感到心頭一震，然後產生「為什麼會這樣」的想法，然後有繼續看下去的意願。

此外，也有直接引起讀者疑問的方法。

普通▶	我能考上東大都是因為○○補習班
	⬇
範例▶	為什麼，我能考上東大！？

這一句是四谷學院補習班的文案，直接向讀者丟出「為什麼？」（此外，旁邊還附上實際考上東大的學生照片）。

這時，考生與父母都會拚命想知道考上的理由。（雖然他們

都知道上面只會寫出四谷學院的好話）。

這是因為背後受到「東大」一詞強而有力的支撐，加上疑問句引起讀者深入了解的欲望，最後得以成功的案例。這項手法可廣泛運用在 DM 廣告或推銷信的文案和標題之上。

各位在工作上，應該經常需要撰寫書名、標題或文案，此時，請務必試試秉持「讓對方產生疑問」的方式來撰寫。

不過具體來說，究竟有什麼技巧可運用呢？這部分的內容都寫在第 3 章，請各位務必學會。

1　日文名『傷はぜったい消毒するな』（夏井睦著／光文社），中譯本由方舟文化出版。
2　日文名『千円札は拾うな。』（安田佳生／ Sunmark Publishing），中譯本由如何出版。
3　日文名『お客様は「えこひいき」しなさい！』（高田靖久著／中經出版）。
4　日文名『営業マンは断ることを覚えなさい』（石原明著／明日香出版）。
5　日文名『なぜ、オンリーワンを目指してはいけないのか？』（小宮一慶著／ Discover 21）。
6　日文名『非常識な成功法則』（神田昌典／ FOREST Publishing），中譯本由先覺出版。
7　日文名『さおだけ屋はなぜ潰れないのか？』（山田真哉著／光文社），中譯漫畫版由大牌出版。
8　日文名『なぜ、エグゼクティブはゴルフをするのか？』（Paco Muro 著／坂東智子譯／ GOMA-BOOKS）。
9　日文名『浜崎橋はなぜ渋滞するのか？』（清水草一監修／日本放送取材班篇／日本放送）。
10 日文名『なぜ、社長のベンツは 4 ドアなのか？』（小堺桂悦郎著／ FOREST Publishing）。
11 日文名『なぜ宇宙人は地球に来ない？』（松尾貴史著／ PHP 研究所）
12 日文名『ずるい！？なぜ欧米人は平気でルールを変えるのか』（青木高夫著／ Discover 21）。

耶穌基督是最知名的文案人？

布魯斯·巴頓（Bruce Barton）身為美國知名廣告代理商 BBDO 公司的前身，BDO 公司的創始者，同時也是一位文案人。他在 1925 年出版的《無人知曉之人》（*The Man Nobody Knows*）[1] 一書，在美國大賣。

巴頓在書中主張，我們長久以來對於耶穌基督的印象都是錯誤的。耶穌基督並不是一位柔弱的聖人，而是善於交際又富有幽默感與領導力的人。

此外，巴頓更宣稱，耶穌基督是一位相當優秀的廣告文案人，祂知道「新聞就是最好的廣告」，並透過「奉獻而非說教」以獲得信徒的信任，因為這樣就可以讓大家認為那是與自己有關的事。

下面將介紹巴頓在書中提到，有關耶穌基督運用的四大文案技巧。

①濃縮文章

「愛你的敵人」、「你們祈求，就給你們」，以及「人活著，不是單靠食物」等，耶穌基督所言雖然簡短，卻是資訊濃縮、意涵深遠，所以只要聽過一次就能記住。上面提到的句子，都是非基督徒也熟知的著名文案。

②文句淺白

耶穌基督比喻的故事都相當淺顯易懂，就連小孩子都能輕易了解。而且，句子的開頭往往相當簡單，只要看過一段文字，腦

海中就會立刻浮現故事所描繪的情景。正因為簡單明瞭，其中涵意才能夠直接又強烈地傳達出來。

③誠實訴說

只要訴說的一方並未打從心底相信商品的好，即便使用再厲害的技巧，說出來的話或寫出來的文案，都不會具有力量。耶穌基督所說的話都是出自肺腑之言，才如此具有力量。

④不斷重複

不斷重複相同話語，或是換個說法來形容同一件事，就能在讀者心裡留下深刻印象。耶穌基督清楚知道，人們對事物的評價，是透過長時間反覆累積而來。

以上四種技巧，其實就是所謂的「文案撰寫原則」。當然，現在也可以適用在所有領域上。撰寫文案最重要的莫過於「濃縮文章」、「文句淺白」、「誠實訴說」，以及「不斷重複」。

---

1 *The Man Nobody Knows*（Bruce Barton 著），日文名『誰も知らない男 なぜイエスは世界一有名になったか』（直譯為：無人知曉之人——為什麼耶穌是世界最知名人物／小林保彥譯／日本經濟新聞社）。

第 **2** 章

讓文字「堅硬有力」

簡短就有力

只要能夠濃縮想傳達的重點，再簡短有力地說出來，傳達到對方心底的速度就會加快許多；也因如此，刺進接收方弱點的可能性便會大增，甚至念念不忘。請各位想想看，怎麼樣才能將想說的話「歸納」並將之「縮短」。

下面案例是小吃店門口海報或旗幟上常見的文案。

普通▶	內有冰啤酒，等待各位光臨
	⬇
改善▶	生啤酒透心涼

猛然一看，能夠刺激五感的應該還是「**改善**」的文案。盛夏傍晚，看到寫著上述文案的旗幟，應該很多人會不自覺晃進去吧！為什麼會這樣呢？

這是因為這句話有「滋滋」（sizzle）感的緣故。「滋滋」就是指煎牛排時會發出的聲響。由此延伸，只要是透過生理或感覺呈現五感的文案都稱作「滋滋」。日本廣告界也常使用「有滋滋感」的形容方式。

據說，這一詞源自一位相當活躍的美國經營顧問艾默爾・惠

勒（Elmer Wheeler）距今 70 年以上的著作。他曾在著作中提及「不要只賣牛排，也要賣滋滋作響」。

大部分的人看到肉煎到「滋滋作響」的模樣，會比看到生肉塊還能引起吃的欲望。推銷牛排就是要「讓顧客聯想，煎到滋滋作響時的模樣、聲音及香味」，銷售額便能大幅成長。

這表示，「行銷，不只是純粹賣東西而已，還要透過刺激接收方情感來銷售」。

這不僅適用於牛排等食物，其他像是訴求「安心」的保險，以及追求「地位象徵」的高級轎車都可以訴諸滋滋感。

「生啤酒透心涼」這一句文案，對啤酒愛好者來說就相當具有滋滋感。這句話看起來沒什麼難度，但正因為簡單明瞭，所以才能直接激起顧客的衝動：「好想喝啤酒啊！」

再來看一個將想要表達的重點加以濃縮，進而「簡短有力」的案例。

普通▶ 語言會藉由習慣而內化

範例▶ 語言是習慣 [1]

此「範例」取自與本書同系列的《文章力的 77 個基本技巧》一書中的標題。雖然「普通」的意思無誤，但以標題來說卻過於冗長。反而是簡要強調「語言是習慣」，才能成功突顯該處欲表達的整體意義。

簡短有力地說明企業經營理念,「理念」內容也會更加清楚。不過,現今社會卻有許多經營理念因為過於冗長,反而令人難以掌握核心重點。

普通▶	敝公司希望透過先進的技術和最高品質的服務,確立與顧客之間豐富的溝通管道,進而對社會文化有所貢獻。
	⬇
改善▶	溝通是愛

各位應該可以發現,像「**改善**」這般簡短有力的文案,較容易留在他人心中。

也就是說,「培養簡短有力的表達習慣」能立即提升廣告文案力,尤其是各位想突顯自己的意見時,更為有效。

因此,在會議等公開場合發言,請務必培養簡短有力的習慣。如果想要提升網路 PO 文的瀏覽人數,更必須停止曖昧的表達方式,提出簡短有力的主旨。又或是想在推特上引起關注,就需要以最少的字數,寫出簡短有力的語句。能做到這個地步,就能夠寫出刺進對方心坎裡的文案。

---

1 出自:《文章力的 77 個基本技巧》,日文名『文章力の基本』(阿部紘久著/日本實業出版社)。

果斷說出大家的心底話

看到電視名嘴果斷說出自己「平時難以啟齒」的話，就會覺得「對對對，我就是想說這個」而感到無比舒暢。如果有人在公開場合果斷說出「大家都想說，卻都說不出口」的話時，就會得到「他能力很強」的評價。

這同樣適用於書名、標題以及廣告文案等。只要能夠一針見血地提出「大家想說卻沒說的話」，就能夠引起許多的共鳴。

果斷說出「大家都想說，卻都說不出口的話」，看似簡單卻需要相當高超的技巧。在封閉的會議空間或許還不難做到，但要在人數眾多的場合找出大家都想說，卻說不出口的話，其實具有相當難度。反過來說，只要能找出這句話，就能成功抓住多數人的心。

電視廣告文案也是相同情形。若能果斷說出「大家的心底話」，成為熱門話題的機率就會提高許多。

範例▶│感冒是社會的困擾

範例▶│老公健康但不在家最好

「感冒是社會的困擾」是感冒藥的電視廣告文案，而「老公健康但不在家最好」則是防蟲劑的電視廣告文案 [1]。兩者皆在1980 年代大受歡迎，而獲選為年度流行語。

　　此外，無論是書名或商品名稱，若能果斷指出「大家沒說出口的內心話」，大賣機率便會大幅提升。

範例▶ | 《不再當「好人」就會輕鬆許多》[2]

　　《不再當「好人」就會輕鬆許多》是一本暢銷書，這個書名果斷地指出「一直當好人很累」、「一直當好人會吃虧」等，大家或多或少心有戚戚焉的感受，因此也引起大家的共鳴，不禁感嘆：「真的是這樣……。」

　　果斷說出「大家內心所想的事」雖然極需勇氣，但一旦說出口，就能蛻變為具有影響力的話語。剛開始，不妨試著在社群網站（如：臉書、推特）上發文。為了找出能夠引起回響的話語，社群網站可說是相當不錯的工具。

1　譯注：該廣告中，有一群婦女聚集開會，散會前一起說了個暗號，上句是「衣櫥防蟲用 GON 最好」（GON 為商品名），下句則是「老公健康但不在家最好」（亭主元気で留守がいい），完全說中當時日本主婦的心聲，獲選為 1986 年流行語大獎。
2　日文名『「いい人」をやめると楽になる』（曾野綾子著／祥傳社）。

技巧 06 情感真摯不造作

許多人想要透過言語撼動他人時，往往會不小心使用過多技巧。但事實上，言語內藏傳達者的強烈真心，才擁有最強大的力量。因此，直截了當說出自己想要傳達的強烈情感最為重要。

真心滿點的言詞最能撼動人心，尤其是在場面話充斥的場合，更會因此產生令人意想不到的效果。

貴乃花（日本知名相撲，2003 年已退休）曾因受重傷需休養兩個月，卻未因此一蹶不振，仍在大相撲 2001 年 5 月場所獲勝。當時小泉純一郎首相，頒發內閣總理大臣獎盃時曾這麼說：

普通▶	能夠撐過受傷得到優勝，真的恭喜你。
⬇	
範例▶	忍受痛苦上場，辛苦了！我深受感動，恭喜！

依照「**普通**」的說法，不僅無法撼動人心，更不能讓人記憶深刻。然而，正因為他真心誠意地說出「**範例**」這句話，而讓這句話成為風靡一時的話題。

曾經擔任日本首相的小泉先生，其實是一位相當擅長透過充滿真心誠意的話語撼動人心的政治家，上述僅是其中一例而已。

姑且不論他在政治上所得到的褒貶，單就「文案力」來看，他是相當不錯的示範。

例如下列這句名言，也是因為 **真心滿點，沒有淪為陳腔濫調**，才成為熱門討論的話題。

普通▶	我會以解散自民黨的覺悟來面對
	⬇
範例▶	我要打垮自民黨

請看看下個案例：電影《功夫》在日本上映時的宣傳文案。

普通▶	這是幾乎不可能發生的（功夫特效）
	⬇
範例▶	這怎麼可能？

「**範例**」正是因為將看完電影的真實感想，直接當成宣傳文案而備受討論。正因為是來自內心深處感想的文案，連文案撰寫者自己都會忍不住脫口而出，才會讓好評不斷遠播。

「情感真摯」這個技巧，尤其適用在店內廣告。某段時間，書店陳列的手繪廣告創造了源源不絕的暢銷書。據說最初是店員替《白狗最後的華爾滋》[1] 所寫的 POP 廣告文案開啟這股熱潮的先鋒。

範例▶	不管看幾次，都會起雞皮疙瘩

上述「**範例**」是千葉縣習志野市某書店的店員所寫的 POP

廣告文案部分內容。據說，他看完書後深受感動，於是設法要與他人分享感動。出版社的業務得知該書因此銷售一空，立刻將其POP 影印、分發給全國的書店，百萬暢銷書就此誕生。

《在世界的中心呼喊愛情》[2] 一開始也是由書店店員手繪的POP 文案帶動風潮，而讓此書進一步晉升為百萬暢銷書的幕後功臣，就是書腰上的推薦文了。

> **範例▶** 我哭著一口氣讀完了。希望今後我也能談一場像這樣的戀愛。

上述「**範例**」是演員柴崎幸投稿到雜誌的感想，直接被出版社用來作為書腰上的推薦文。這種性情直率不造作的文案，著實感動了許多人，才能將此書帶到百萬暢銷書的境界。這本書後來還改編成電影和連續劇，也大受歡迎，甚至引發了一連串的社會現象。

只要投入強烈的情感，寫出來的文句自然強而有力。如果各位有「無論如何都要傳達」的情感，就直率地用言語說出來吧！

不過，若在推銷自己或所屬公司所製造的商品時，過度使用這種手法，文案可能會顯得過於自我。想要寫出情感真摯的文案，若能從不考慮個人（公司）得失的客觀角度出發，就能得到壓倒性的效果。

---

1 *To Dance With the White Dog*（Terry Kay 著），日文名『白い犬とワルツを』（兼武進譯／新潮社），中譯本由圓神出版。

2 日文名『世界の中心で、愛を叫ぶ』（片山恭一著／小學館），中譯本由時報出版。

帶出節奏快感

想要傳達某種訊息時，總是容易放入過多資訊。若在文案裡加入過多資訊或含義，免不了會降低傳達的速度。

反之，節奏感較快的文案就能瞬間進入人心。

60 年代、70 年代初期進入電視草創時期，許多流行語都是出自廣告訊息中節奏感強烈的文案。

範例▶ ● Oh！猛烈
● 牛肉燴飯也有喔～
● 理所當然的前田餅乾！
● 嗯～ MANDOM（品牌名稱）
● 為什麼會有，都是因為愛
● 啊啊，累昏了

上述文案都是在了解字面意思之前，就先藉由感覺刺入人心的案例。尤其是小孩，特別喜歡模仿節奏感較快的語句，上述案例有許多就是由小孩帶動起流行。這是因為節奏感較快的語句，較容易傳達出去而引起口耳相傳效果的緣故。

接下來的範例是日本地鐵防止痴漢的海報標語。

普通▶	性騷擾是犯罪的行為
	⬇
範例▶	色狼退場

「**範例**」是大阪府警察實際在地鐵等地方使用的海報標語。透過押韻呈現冷笑話的方式雖然評價有褒有貶，不過也可以由此得知，該文案傳播與讓人記住的速度遠快於「**普通**」。

在替商品命名之際，請記住務必「帶出節奏快感」。以下介紹三種方式及其案例，這些文案之所以令人印象深刻，都是因為商品名稱充滿節奏快感的緣故。

範例▶	① 試著透過命令句：
	• 喂～喝茶囉！
	• 吃飯時間到了！

範例▶	② 設計冷笑話：
	• ICOCA（出發吧）
	• U 臭的（無臭）

範例▶	③ 以功能作為品名：
	• 退熱貼
	• 喉嚨噴劑

技巧 08 [放入具體數字]

要傳達某件事情時，放入具體數字就能增加說服力。甚至有句話說：「數字會說明一切。」就表示任何事情只要加入數字，就能發展出一個故事。

首先，請看下列案例。

普通▶	營養豐富的零食
範例▶	一粒 300 公尺

這是固力果（牛奶糖）很早就有的知名文案。固力果的官方網站提到此文案由來是「體重 55 公斤者，跑 300 公尺所消耗的能量，就等同於一粒固力果的營養」。不過，據說其實「一開始重視的是語感，說明是後來才加上去的」。

特別是在早年糧食缺乏的時空背景下，為了訴求「有營養的零食」，300 公尺這個數字相當具有說服力。

下列範例也是透過加入具體數字來加深印象。

普通▶	便宜又方便的濾掛式咖啡
範例▶	一杯咖啡 19 日圓

這是咖啡郵購公司——布魯克斯咖啡的廣告文案。以一般市面上的咖啡售價來看,「一杯 19 日圓」的價格實在令人跌破眼鏡。透過將咖啡的計價方式從一包換成一杯,就成功突顯了便宜的形象。

這種數字的手法用在雜誌標題也會有不錯的效果。

普通▶	探究中國的糧食情況
範例▶	走在 13 億人的胃袋最前線 [1]

上述「範例」是《AERA》的標題。因為使用「13 億人」這個具體數字,使得標題看來相當聳動,再加上「胃袋最前線」的強烈字詞,成功吸引讀者「想閱讀這篇報導」的意願。

接下來,介紹善用數字的電影海報。

普通▶	適合夫妻一同觀賞
範例▶	妻子共鳴程度達 98%,丈夫反省程度達 95%

這是電影《60 歲的情書》2009 年在日本上映時的宣傳文案。數字的運用方式相當高明。

另外，推銷信等廣告也可參考下列兩個案例，透過呈現精準的數字來提高顧客的信任。

普通▶	許多顧客購買之後，表示相當實用
⬇	
改善▶	購賣此商品後，有 91.3% 的顧客表示相當實用

普通▶	至今有 300 人以上使用
⬇	
改善▶	至今共有 327 人使用

各位應該可以發現，「**改善**」的寫法較能讓接收方感受到數字的真實性。

提出具體數字的技巧，在寫企畫書、簡報或報告書等各種工作場合都相當有效。

另外，找工作或換工作時的履歷表，若能用具體數字提出經歷或業績，也較能讓主考官留下深刻的印象。如果找不到可寫進履歷表的數字，從今以後請務必提醒自己要「創造數字」。

1　出自：《AERA》（2010 年 02 月 15 日號／朝日新聞出版）。

具體呈現所需時間

在宣傳商品效果時，若能呈現所需時間，就能引起對方的興趣。如果成效顯著，看起來又能在短時間內輕易達成，人們嘗試的意願就會更高。這個技巧的效果相當不錯，但若過度濫用，就會變得廉價又可疑，因此需要特別留意。

請試著想像貼在藥局前面，只有文字敘述的海報。

普通▶ 內售治療痔瘡的藥品

↓

改善▶ 痔，只要３天！

各位覺得如何？上述「**改善**」的案例是實際張貼在藥局前的海報。明明沒有寫出具體效果，卻能引起需求者的興趣，讓人不禁想知道「３天之後會如何」。由此可知，正因為確實寫出所需時間，才能達到如此效果。

讀者希望看完立即見效的減肥或商業技能類書籍，也經常使用「具體呈現所需時間」的手法。

到書店瀏覽一下就會發現，書名包含了時間單位的書籍非常多，其中以分秒為單位的更是不計其數。

接下來就舉出幾個實際案例。

範例▶
- 《超判讀力，「1 秒」看懂財務報表》[1]
- 《3 秒鐘，改變人生》[2]
- 《早上 7 秒　變身小腰女》[3]
- 《15 秒骨盤瘦身操》[4]
- 《頭 30 秒就擄獲人心的雜談術》[5]
- 《開口就能說重點：60 秒內讓老闆點頭、客戶買單、同儕叫好的說話術》[6]
- 《圖解 3 分鐘搞懂邏輯思考法》[7]
- 《15 分鐘聊出好交情：66 個開場、提問、接話的超級說話術》[8]
- 《20 分鐘達成 1 年目標的工作術》[9]
- 《每天只要 30 分鐘》[10]
- 《60 分鐘改造企業》[11]
- 《1 天 1 小時 1 個月就能成為單差點球員》[12]
- 《90 分鐘了解公司運作》[13]
- 《3 小時就能學會的最強交涉術》[14]

試試看在網路書店搜尋「1 秒」，出現幾筆搜尋結果，就會知道「呈現所需時間」的書籍出版量有多麼多。大部分以秒為單位的書籍，其數字本身幾乎都沒有什麼重大含義，只是「瞬間就能達成」的換句話說罷了。不過，耐人尋味的是，數字也有使用頻率高低的差別。

以秒為單位，最受歡迎的數字是「1 秒」、「3 秒」、「5 秒」、「7 秒」、「10 秒」、「15 秒」、「20 秒」、「30 秒」、「60 秒」，以及「90 秒」。

由此可見，個位數通常都是奇數，進入二位數後通常都是整數較受歡迎。不過也有例外，「9秒」是個位數中的奇數，但在我調查的範圍內卻沒有人使用。另外，個位數中的「4秒」也沒有人使用。

以分為單位的數字，也出現幾乎一模一樣的情況。只不過，其中以「45分」和「50分」特別受歡迎，這或許與學校的上課時間長度有關。

即便需冒著書名雷同的風險，「呈現所需時間的書籍」還是非常多，原因就是這類書籍通常比較容易「熱賣」。

「呈現所需時間」的技巧也適用於部落格、網路文章的標題，而且大多能達到一定的效果。首先，必須預估自己要寫的主題內容需花費多少時間。

假設各位現在要在網路張貼以「廣告文案撰寫技巧」為題的文章，能夠快速吸引他人與呈現的所需時間越短越好，這兩點對寫出出色的廣告文案相當重要。請參考下列「**改善**」的案例，加入上述重點再試著改寫看看。

普通▶	擄獲人心的廣告文案技巧
	⬇
改善▶	1秒擄獲人心的廣告文案力

---

1 日文名『「1秒！」で財務諸表を読む方法』（小宮一慶著／東洋經濟新報社），中譯本由三悅文化出版。

2 日文名『3秒でハッピーになる名言セラピー』（喜歲小太郎著／Discover 21），中譯本由笛藤出版。

3 日文名『一日7秒で腹は凹む』（蓮水Kanon著／扶桑社），中譯本由文經社出版。

4 日文名『15秒骨盤均整ダイエット』（松岡博子著／伊藤樹史監修／靜山社），中譯本由晴天出版。

5 日文名『最初の30秒で相手をつかむ雑談術』（梶原茂著／日本實業出版社）。

6 日文名『1分で大切なことを伝える技術』（齋藤孝著／PHP研究所），中譯本由臉譜出版。

7 日文名『3分でわかるロジカル・シンキングの基本』（大石哲之著／日本實業出版社），中譯本由商周出版。

8 日文名『誰とでも15分以上会話がとぎれない！話し方66のルール』（野口敏著／Subarusya），中譯本由如何出版。

9 日文名『1年の目標を20分で達成する仕事術』（林正孝著／大和書房）。

10 日文名『「1日30分」を続けなさい！』（古市幸雄著／MAGAZINE HOUSE），中譯本由大田出版。

11 日文名『60分間・企業ダントツ化プロジェクト』（神田昌典著／DIAMOND）。

12 日文名『1日1時間1ヶ月でシングルになれる』（江連忠著／Sunmark Publishing）。

13 日文名『90分でわかる会社のしくみ』（八卷優悦著／KANKI Publishing）。

14 日文名『3時間で手に入れる最強の交渉術』（莊司雅彦著／Business-sha）。

技巧 10 ［加入好處與效果］

　　站在消費者的立場，購買商品時，最關心的莫過於「能賺到多少」和「是否有效」吧！相反地，站在賣家的立場，如何傳達購買商品能帶來的好處與效果，就會大大影響銷售業績情況。

　　不過，當賣家尚未取得消費者的信任，又大肆誇張強調商品功效果時，就會造成反效果。只要接收方心裡有任何一丁點「懷疑」，市場反應就會不如預期。此外，法律有針對某些商品規範，不得直接訴諸強調效果，需要特別留意。

　　若要學習這項技巧，可以參考購物網站上的文案。

普通▶ 吸收力強是重點（浴室腳踏墊）

　　　　　⇩

範例▶ 即使一家人洗澡出來，用溼答答的腳踏過依舊乾爽[1]

普通▶ 經過特殊設計，不會造成腰部的負擔（椅子）

　　　　　⇩

範例▶ 「長時間坐著腰部都不會感到疲倦」，受到有腰痛舊疾者超過 10 年的愛戴！[2]

上述兩個「範例」都是《通販生活》網頁上的商品說明文案。由此可知，比起介紹商品本身的功能，該網頁更強調購買者能獲得的好處。像這樣具體寫出購買方的好處，讓人感到「啊，這跟我有關」的機率就會提高。

被譽為美國廣告公司 BBDO 傳奇文案人員的約翰‧卡普萊斯（John Caples）曾在他的著作《文案寫作》[3] 提到下列幾項有效提高銷售業績的宣傳重點：

- 增加收入
- 節省開銷
- 安心養老
- 過得更健康
- 在工作、事業上獲得成功
- 獲得名望
- 減少脂肪
- 讓家事變得輕鬆無比
- 從擔心中解放

各位想要「推銷」商品時，請先想想自家產品是否能提供上述好處？為此，請務必站在消費者的角度看待事情，才能達到有別於以往的莫大效果。

對於聆聽簡報的一方，最在意的顯然是「實行該企畫會得到

什麼好處」、「能達到何種效果」等問題。如果標題能讓對方感受到購買的好處與效果，就容易引起顧客興趣。

這同樣適用於日常工作場合，特別是在撰寫企畫或提案時，必須特別留意，一定要呈現出「對方能夠得到的好處」。

下列例子是向某間商家簡報說明，如何增加銷售額的提案書標題。

普通▶	促進銷售的提案
	⬇
改善▶	有什麼跨時代的方法，能讓你的銷售額在一個月內提升 30%？

如同「**改善**」所寫，能讓接收方感到購買後的好處，就會願意更加認真傾聽。

公司內部的企畫提案亦然。若能透過簡單明瞭的主題與標題讓大家了解執行這個企畫，能為公司帶來多少好處，就能提高對方納入考慮的機會。

---

1 出自：『通販生活』「乾爽腳踏墊」的商品介紹網頁。

2 出自：『通販生活』「好坐椅子」的商品介紹網頁。

3 原書名 *Tested Advertising Methods*，日文名『ザ・コピーライティング』（直譯為：The Copywriting ／神田昌典監修／齋藤慎子、伊田卓已譯／ DIAMOND Inc），中譯本《增加 19 倍銷售的廣告創意法》由滾石文化出版。

以列舉勾出畫面

換個方式改為列舉訴求，有時反而能讓接收方更容易理解且印象深刻。在報告或演講等「口頭發表」的場合，採用這種技巧的效果較佳。

那麼，就從簡單明瞭的典型範例開始看吧！

普通▶	政府當以發展人民幸福為中心
	⬇
範例▶	政府當民有、民治、民享

眾所皆知，這是林肯《蓋茲堡演說》中的名言（雖然據說事後有人表示是誤譯）。若當初他是採用「**普通**」的文案，這句話就無法如此流傳後世。因為接二連三的列舉方式，使得這句話格外令人印象深刻。

此外，深受林肯演講方式影響的歐巴馬總統，在演講時也常使用此列舉技巧。

普通▶	美國超越人種差異合而為一
	⬇
範例▶	沒有所謂的非裔美國人、美國白人、拉丁裔美國人，以及亞裔美國人，只有美利堅合眾國而已。

雜誌標題也經常運用到列舉技巧。下列全是出自女性雜誌《anan》的標題。

> **範例▶** ● 穿西裝、戴眼鏡，還是運動團體的男性……全都喜歡！
>   令人心動男子的 122 個檔案[1]
> ● 清爽鹽臉、U-165、擦大樓的窗戶……
>   35 個怦然心動要點大公開！[2]
> ● 睡過頭、不小心哭了、臨時約會……
>   不知所措時的緊急化妝技巧大公開！！[3]

透過列舉的方式增加選項，就能藉此讓讀者發現「這項我也符合」，進而提高閱讀的興趣。

接著要介紹的，是藉由列舉提高語言力道的奇妙案例。

> **範例▶** 捲髮放下黨♥不綁頭髮黨♥鮑伯頭黨
>   直髮黨♥外翹黨♥辮髮垂絲黨
>   現在日本有這 6 個黨派！[4]

這是《小惡魔 Ageha》（辣妹系妝髮、時尚雜誌）封面的文案。列舉 6 種在辣妹間流行的髮型，並在最後斷定「現在日本有這 6 個黨派」，使文案顯得衝擊力十足。

---

1 出自：《anan》（2010 年 04 月 07 日號／ MAGAZINE HOUSE）。
2 同上。
3 出自：《anan》（2010 年 02 月 24 日號／ MAGAZINE HOUSE）。
4 出自：《小惡魔 Ageha》（2010 年 11 月號／ Inforest）。

預言未來

> 有時只要斬釘截鐵預言未來會發生的事情與情景，就能夠讓接收方自己認同：「喔──原來是這樣啊！」無論是誰，沒有人能確實預測未來。因此，若能承擔風險，斬釘截鐵地預言，說出來的話就能令人印象深刻。

姑且不論個人喜好或相不相信等問題，占卜師與靈媒的話語通常具有相當的說服力。因為，這些人會替我們預言自己不明確的未來走向。只要有人充滿自信地斷言某件事情，他人就會因而相信，這就是人類的習性。

下面我們就來看看以流行資訊網站「掌握潮流！DX」為例的文案。

普通▶	這季春夏可能會流行「靴涼鞋」喔！
	⬇
範例▶	這季春夏「靴涼鞋」強勢回歸[1]

「靴涼鞋」是「靴型涼鞋」的簡稱，是當年春夏女性時尚備受矚目的配件。看到「**範例**」的預言，就會覺得流行真的要回歸了。

根據法律規定，藥妝、健康食品等產品，禁止標榜直接效果。因此，文案中更不能直接表明「食用（或飲用）後對○○有效」之類的話語。即便如此，藉由斬釘截鐵地預言，仍可讓對方認為有效。

接下來，就來看看一個類似的文案。是由一間名叫 ZENZO 的旅館，推出的減肥溫泉住宿行程。

普通▶	如何讓小腹縮回去？
	⬇
範例▶	到夏天前就要向小腹說再見！[2]

「**範例**」藉由預言未來「到夏天前」，成功讓接收方具體想像「肚子凹進去的自己。」

將「預言」的技巧，運用在書名上也相當有效。

普通▶	《為了健康，需從提升體溫著手》
	⬇
範例▶	《體溫上升就健康》[3]

《體溫上升就健康》是銷售超過 70 萬冊的暢銷書。正因為書名斬釘截鐵地預言未來，才得以直接說進讀者心坎裡。

況且，該書倡導的第一件事，是看似人人都做得到的「提升體溫」。或許因為透過每個人都十分關注的「健康」議題來保證未來，所以能夠引起多數人的興趣。

像這樣「先提示『該做什麼』後，再進行預言」的技巧，也

可以運用在不同工作之中。接著就來看看,向顧客建議「導入自家公司系統」的提案書標題。

```
普通▶ │ 導入○○系統
            ⬇
改善▶ │ 導入○○系統,營業利益率就能提升 5%。
```

若能效法「**改善**」的做法,預言「(完成該做的事後)能提升營業利益率」,對方就會感興趣,進而產生「不妨先聽聽看內容」的想法。接下來的關鍵,就是能夠提出多少證據來佐證預言。進行預言時,擁有證據相當重要。

技巧 12 的開頭曾提及「占卜師和靈媒之所以會受到歡迎,就是因為他們會替人預測未來」。不過,若只是單純地預測未來並不夠,擁有高人氣的占卜師和靈媒師都很擅長提出證據。

提出證據的方法沒有特別限制,例如:手相、卡片、本命星盤、感應、靈氣或前世等,重點在於能否讓對方感到認同。

工作也是一樣。透過文案或書名來預言,能夠吸引接收方的興趣。不過,若要由此延伸、促成實際生意往來,就需要視**能夠提出多少證據讓對方信服**而定。

---

1 出自:Web 網頁‧流行排行榜雜誌及收費電子報『trendcatch!DX』2010 年 2 月號。

2 出自:阿曾內牧溫泉‧ZENZO 網頁「住宿方案」的介紹網頁。

3 日文名『体温を上げると健康になる』(齋藤真嗣著/ Sunmark Publishing),中譯本由晨星出版。

［自誇宣言 ］

企業或個人想要「傳遞」的情報，說得極端一點，其實大多是想要「炫示」。但若是單純、直接地自誇，只會招來他人的反感，也無法想出能擄獲人心的表達方式。這時，有一種方式就是故意作自誇宣言。說得到位，就能夠產生令人印象深刻的句子。

下面以全身美容的廣告為例。有位年輕女性正在接受面試，大部分主考官都是上了年紀的女性，提出的問題都充滿挖苦之意。「妳長得很可愛呢！不過，妳是不是認為光靠臉蛋就能夠走遍天下？」面對這種情況，這位年輕女性究竟回答了什麼令人震撼的答案？

範例▶ 是的，我就是這麼想的。而且，我脫掉還是很厲害。

「我脫掉還是很厲害」是 1995 年獲選為流行語的文案。至今已過了二十多年，還是有人會說類似「我脫掉也很厲害」的句子（但多是用在負面之意）。

這個案例中的主角，在應該要謙虛的時候，反而自豪地說「我脫掉還是很厲害」而令人印象十分深刻。

透過這種方式自誇的手法，其實相當高明。

這支廣告真正想要炫耀的是廣告主，也就是全身美容公司的技術。多數廣告都是請藝人明星代為「炫耀」，但由於觀眾很清楚藝人明星只是替企業代言，所以無法留下真正深刻的印象。

然而，這支廣告是由女性角色來「炫耀自己的身體」，所以不會讓觀眾覺得是企業在炫示。而且正因為炫耀方式直率、不令人討厭，才讓顯得格外出色。

閱讀女性雜誌的標題，就會發現雜誌讓「我」感到驕傲。

普通▶	靴子穿搭力高超的女性
	⬇
範例▶	我最會搭配靴子！[1]

普通▶	介紹帥氣的丈夫
	⬇
範例▶	帥夫身邊，有我！[2]

這兩者分別出自女性雜誌《CLASSY》與《VERY》中的標題，兩者皆是讓「我」感到驕傲的說法。雖然這裡的「我」是指出現在雜誌上的讀者模特兒，不過這種標題的呈現方式，卻能讓讀者投射到自己身上。

順帶一提，「帥夫」一詞是「帥氣的丈夫」的簡稱，由《VERY》雜誌在 2009 年提倡的詞語。

1　出自：《CLASSY》（2009 年 10 月號／光文社）。
2　出自：《VERY》（2010 年 02 月號／光文社）。

技巧 14 ［ 威脅式宣言 ］

> 人一旦受到威脅，就會有所反抗，但同時也會產生好奇心。「威脅式宣言」就是利用這種心理的手法。健康、自卑、金錢、災難、晚年以及經濟等，越多人會感到不安的事情，效果越顯著。不過，透過威脅來達成目的，並不是很高級的做法。若非必要，請不要輕率採用這種技巧。

許多健康相關書籍的標題，都會使用「威脅式宣言」的手法。例如，在技巧 12 提到《體溫上升就健康》一書的目錄，也包含許多威脅式宣言的標題。

範例▶
- 體溫一旦下降，免疫力就會降低 30%。
- 體溫低，癌細胞就會有活力。
- 肌肉缺乏使用，就會慢慢減少。
- 有壓力，細胞也會受損。

只要看到上述斬釘截鐵的宣言，讀者就會開始感到不安，擔心「自己的身體有沒有什麼問題」，進而想要閱讀內容。

那麼，再看看其他的案例吧！

範例▶ 30 歲左右的女性也有老人臭[1]

這是《AERA》的標題。中年男人散發異味早已屢見不鮮，可卻很少有人指出女性也會有相同情況。30 歲上下的女性若在搭乘公車、捷運時，看到寫著這類標語的懸吊式廣告，應該會大吃一驚吧！

　　下一個範例中的標題，都是出自教養雜誌《President family》和《edu》（雖然後者並非採取斷言的形式）。

範例▶ 小學生的數學能力岌岌可危 [2]

範例▶ 各位是否教出了媽寶呢？ [3]

　　對於有小孩的父母而言，孩子的事情往往擺在第一位。許多育兒或教養雜誌的標題，也很常使用這種「威脅」手法。

　　若遭到威脅的事有關災害或犯罪，也會讓人感到不安。

範例▶ 【日本都會圈大地震】冬天，新宿 18 點，那時你在哪裡？ [4]

　　這是出自《週刊東洋經濟》的標題。事實上，當天 18 點有很多人都在新宿。或許有不少人看到這個標題之後，會覺得與自己有關而深感不安，進而翻開雜誌細看內容。

　　當攸關自己未來的事情遭到威脅，也會令人感到莫名不安。

範例▶ 無緣社會　一個人的最後去向 [5]

這個是《鑽石週刊》的標題。尤其是打定主意「一輩子不結婚」的人，一旦想到自己的晚年，特別會感到不安。有些人雖然可能覺得自己還早，但多少還是會在意。

下一個是《日經 Business》雜誌的標題。

> **範例▶**
> - 持續進化的變態企業　不改變的公司 2 年就會倒閉[6]
> - 銀行亡國　放棄「重建」將壓垮日本[7]
> - 「移民 YES」缺工千萬人的時代來臨[8]

看到這些用悲觀態度宣告未來的經濟問題，許多人會深感不安，同時不禁思考：「自己的公司有沒有問題？」接著，就會想要確認報導的詳細內容。

這項手法，對於向顧客提出建議或進行簡報，都非常有效。**找出顧客與其商品和服務的弱點，再透過「這樣下去，就會產生嚴重問題」的語氣點出來。**

顧客或許會因此感到不悅，但只要讓對方了解各位是「真心替顧客公司著想」，對方大多會願意再深入了解。

1　出自：《AERA》（2009 年 05 月 18 號／朝日新聞出版）。
2　出自：《President Family》（2010 年 06 月號／ PRESIDENT Inc）。
3　出自：《edu》（2010 年 03 月號／小學館）。
4　出自：《週刊東洋經濟》（2010 年 04 月 03 日號／東洋經濟新報社）。
5　出自：《鑽石週刊》（2010 年 04 月 03 日號／ DIAMOND Inc）。
6　出自：《日經 Business》（2010 年 02 月 08 日號／日經 BP 社）。
7　出自：《日經 Business》（2009 年 12 月 14 日號自 P.20 開始／日經 BP 社）。
8　出自：《日經 Business》（2009 年 11 月 23 日號自 P.24 開始／日經 BP 社）。

大膽使用命令句

一旦隨便接收到命令，是人大多會產生反彈，但也有些人會對接受命令感到愉快。對於競爭激烈、較容易受到忽略的產品，刻意採取命令的態度，反而有機會藉此刺激人心。

令人意外的是，媒體廣告很少使用命令型的文案。原因是害怕引起接收方的反彈。下列範例全都是出自書名。

範例▶
- 《錢不要存銀行》[1]
- 《重要的事都要記錄下來》[2]
- 《不可以看電視》[3]
- 《別為小事抓狂》[4]
- 《現金要在 24 號領出》[5]
- 《在星巴克要買大杯咖啡》[6]

這幾個範例只是一小部分，尤其是最近幾年，以命令句為書名的書籍已經多到不計其數。想必有不少人認為「我不喜歡別人隨便命令我，所以也不會買以命令句為題的書」。不過，接收方會產生否定的情緒，就證明了內心已受到文案的影響。

現今書店陳列著琳瑯滿目的書籍，即使有些令人感到刺眼，也比完全被忽略要好上許多。事實上，雖然有人會因此感到反感，但也有人對命令句無法招架。特別是權威人物所說的話，以命令句呈現反而較適合且更能達到效果。

以下「**範例**」是暢銷書《超譯尼采》日文版的書腰文案。

普通▶	人生可以成為最精彩的旅程
	⬇
範例▶	要打造最精彩的人生之旅！[7]

這句話出自尼采，若採用「**普通**」的說法就無法呈現話語的
力道，而命令句正好，才有所效果。

一般認為，在商業場合使用「命令句」的風險很大。不過，
對於許多以平凡無奇的方式寄送，就容易遭到忽略的 DM 廣告或
推銷信件等，可試著刻意採用「命令句」。此時，若能用否定的
命令句「請不要 ××」，效果會更加明顯。

普通▶	真正有心想瘦身的人，請務必報名。
	⬇
改善▶	如果不是真正有心想要瘦身的話，請不要報名。

乍看之下，這個「**改善**」會令人覺得更有良心。實際上卻是
因其命令語氣，自然而然激起人們的反應，進而影響內心。

1　日文名『お金は銀行に預けるな』（勝間和代著／光文社），中譯本由商周出版。
2　日文名『大事なことはすべて記録しなさい』（鹿田尚樹著／DIAMOND
　　Inc），中譯本《史上最靈活！八爪魚圓夢記錄術》由三悅文化出版。
3　日文名『テレビは見てはいけない』（苫米地英人著／PHP 研究所）。
4　*Don't Sweat the Small Stuff...and it's all small stuff*（Richard Carlson 著），日文名
　　『小さいことにくよくよするな！』（Sunmark Publishing），中譯本由時報出版。
5　日文名『現金は 24 日におろせ！』（小宮一慶著／KK Bestsellers）。
6　日文名『スタバではグランデを買え！』（吉本佳生著／KK Bestsellers），中
　　譯本《大杯星巴克比較划算：價格與生活的經濟學》由天下文化出版。
7　日文名『超訳ニーチェの言葉』（尼采著／白取春彦編譯／Discover 21），中
　　譯本由商周出版。

直白說出真心話

> 一旦從別人口中聽到真心話，往往會備感衝擊。這是因為世界上幾乎所有訊息，都是場面話或符合期待的話。

在連續劇中，有一句台詞因為完全發自真心而成為流行語。

範例▶ 同情我，就給我錢！

「**範例**」出自連續劇《無家可歸的小孩》，由安達祐實飾演的相澤鈴向導師拋出的台詞。正因為是從一位長相甜美的女孩口中，說出與預期不符的真心話，才會產生如此強烈的衝擊。這句台詞也因此留在許多人的記憶之中（題外話，這句台詞第一次出現是在第 1 話〈偷竊假哭放火樣樣來！少女與流浪狗之愛的旅程〉）。

雜誌標題若能運用這種「真心告白」，也能造成極大影響。

普通▶ 想跟「泡沫世代上司」說的話

⬇

範例▶ 一大麻煩！「泡沫世代上司」快離開公司吧！」

「**範例**」出自雜誌《SPA！》的標題，是目前 30 歲左右的員工，對於動不動就提起過去泡沫時期的往事，又對公司沒有任何貢獻的 40 歲以上的上司，想要老實說出的真心話。懷有相同想法的年輕人，在電車內的廣告上看到這個標題，自然而然就會產生興趣。

　　下列兩種「**範例**」都是出自雜誌《AERA》。

普通▶	雖然替妻子的晉升感到高興
	⬇
範例▶	無法替妻子的「晉升」感到高興 [2]

普通▶	比起丈夫，更擔心小孩子
	⬇
範例▶	比起丈夫，更擔心孩子的小雞雞 [3]

　　這兩個標題都巧妙地推測潛在讀者內心的想法，並用文字呈現出來。想必有不少人在電車或報紙廣告看到這個標題，會因為「跟自己的真心話相符」而頓時大吃一驚吧！由此可知，《AERA》的標題大多能成功抓住當下的時代氛圍。

　　直白說出真心話，有同感的接收方就會產生共鳴。

1　出自：《SPA!》（2010 年 03 月 02 日號／扶桑社）。
2　出自：《AERA》（2009 年 12 月 21 日號／朝日新聞出版）。
3　出自：《AERA》（2010 年 03 月 29 日號／朝日新聞出版）。

堅持將錯就錯

仔細想想，即使不符合邏輯，只要將錯就錯，斬釘截鐵地堅持己見，接收方就會覺得「會不會真的是這樣」。將錯就錯、斬釘截鐵的言詞，常會帶著強大的力量動搖人心。

下列這個範例出自 1981 年代的廣告，雖然有些久遠，卻在當時成為火紅一時的話題，更獲選為流行語的文案。

範例▶ │ 藝術是爆炸！

「藝術是爆炸！」是藝術家岡本太郎先生在廣告錄影時所說的台詞。岡本太郎先生原意是指「藝術不受規則所限，需要足以爆炸的能量」，但為了廣告效果而改寫成簡短有力的台詞，因而再次蔚為話題，更拿下當年度的流行語大獎。

下一個「**範例**」是芬達橘子汽水的廣告文案。

普通▶ │ 味道跟真正的橘子非常接近
　　　　　　　⇩
範例▶ │ 比真正的橘子還有橘子味

芬達橘子汽水是無果汁成分的碳酸飲料，也就是說「橘子」只是掛名而已，裡面完全沒有任何橘子果汁的成分。市面上明明就有 100% 的橘子果汁，卻刻意將錯就錯表示「比真正的橘子還有橘子味」，因而形成有衝擊性的訊息。

再來一個範例，是漫畫《草莓棉花糖》[1] 的書腰文案。

> **範例▶** 可愛即正義！

很奇妙的是，引起話題的文案，很少是出自於漫畫的書腰上。不過，雖然使用「可愛」與「正義」這兩個邏輯上有衝突的字詞，仍然將錯就錯、說得斬釘截鐵，這種做法在網路上引起爭論，進而成為令人難以忘懷的文案。

即使只是「堅定說出」、「高聲宣言」也能夠創造出強而有力的文案。請各位培養習慣，在企畫書、報告書、部落格及臉書等文章，或是在簡報與會議上發言時，都要<mark>盡量減少曖昧不明的語氣</mark>。

---

1 日文名『苺ましまろ』（Barasui 著／ASCII Media Works），中文譯本由台灣角川出版。

日本江戶時代的文案名人 [1]

到了江戶時代後期（約西元 1800 年），江戶已成為世界第一的大型都市。商業活動繁榮興盛，相當於現在廣告傳單的「引札」開始遍布整個城市。著名的發明家平賀源內，同時也是一位相當活躍的引札文案作者，也就是現在所說的資深文案（廣告業中的要職）。此外，平賀源內也具有蘭學家、醫生、畫家，以及作家等多重身分。

據說，為了預防夏季倦怠症，在「土用丑日」（按日本舊曆推算的特定日期，約莫是一年中最熱的一天）食用鰻魚的風俗，就是出自平賀源內的點子。當時，每到夏天鰻魚屋的營業額就會下滑，此情形儼然已成為常態。鰻魚屋老闆上門求助：「看看有沒有什麼辦法？」源內於是寫下「今日土用丑日」幾個大字，並建議老闆張貼在店門口。據說是從「丑日要吃以『U』發音開頭的食物，有助於身體強健」這個古老智慧得到靈感。

據說，該鰻魚屋照做後果真開始生意興隆，其他鰻魚屋也爭相效法，「在土用丑日吃鰻魚」的習慣因而扎根。強勢宣言或許就是此案例成功的秘訣。源內也曾為「刷牙粉」、「麻糬屋」及「麥飯屋」寫下知名文案，可說是文案界的先驅。

除此之外，《南總里見八犬傳》的作者曲亭馬琴、《東海道中膝栗毛》的作者十返舍一九、山東京傳與式亭三馬等劇作家，也寫過為數眾多的引札文案，對當時的商店業績有不少貢獻。

江戶的街道四處充滿了文案。

1　參考自：『広告で見る江戸時代（江戶時代廣告）』（中田節子著／林美一監修／角川書店）、『江戸のコピーライター（江戶的文案人員）』（谷峰藏著／岩崎美術社）、『広告五千年史（廣告五千年史）』（天野祐吉著／新潮社）。

第 **3** 章

讓讀者「思考」

技巧 18　試著提出問題

> 　　人類只要被問到問題，自然就會「想知道答案」。利用人類的習性，試著向接收方提問，也會達到一定的效果。

　　下列範例都是因為提出問題，而蔚為話題的文案。

> **範例▶** 為什麼要問年齡？

　　「**範例**」是 1975 年新宿伊勢丹百貨的報紙廣告文案。構思者是土屋耕一先生。

　　這系列在當時可說是備受矚目，即使在此之前，可能已有不少人曾以相同概念作文章，但人就是如此，只要被問到「為什麼」就會重新思考：「為什麼會這樣啊？」

　　由於當時正是女性進入職場遭熱烈爭議之際，因此該文案一出來，恰好符合時代潮流。

　　下一個範例也是伊勢丹的文案，出自 1989 年，同樣是透過提問而成為話題。

> **範例▶** 你的戀愛，休息了幾年？

看到這個文案，或許很多人會感到驚訝。「談戀愛」、「沒談戀愛」的說法很常見，但「戀愛休息」卻是非常新奇的說法。這個句子後來還成為連續劇劇名，文案構思者是真木準先生。

接下來從雜誌來看「提出問題」的範例。

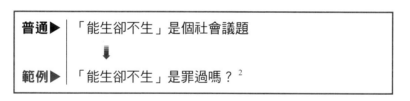

普通▶	各位公司「工作滿意度低落」的理由
	⬇
範例▶	為什麼各位的公司「工作滿意度低落」？[1]

這是《President》雜誌特刊的標題。無論對於公司員工或經營者而言，都是刺入心坎的提問。如同前面技巧 1 所說，只要能讓對方認為與自己有關，對方閱讀的機率就會大幅提升。

普通▶	「能生卻不生」是個社會議題
	⬇
範例▶	「能生卻不生」是罪過嗎？[2]

這是雜誌《AERA》的標題。有些女性想生小孩卻無法生育，但也有些女性可以生育卻選擇不生。這固然是個人的自由，可是對「可以生育但選擇不生」的人而言，卻時常直接或間接遭受來自社會的壓力。該標題確切點出時代氛圍，進而吸引被點名或潛在的女性讀者，甚至是男性的關切。

普通▶	與男友媽媽見面的注意事項
	⬇
範例▶	「拜訪男友媽媽」！這時候妳會……？ [3]

這是針對 20 幾歲 OL 的女性雜誌《Can Cam》的標題。對於年輕女性而言，第一次與男友媽媽見面難免會感到緊張或忐忑不安。一旦被問到：「這時候妳會如何？」不禁自動陷入思考：「究竟該如何是好？」

甚至在看到標題前不曾想過這種事情的女性，也可能會想看看內容。

對於文案撰寫者來說，運用這種提出問題的技巧司空見慣。也就是說，如果是平凡又了無新意的提問，受到忽略的風險也相當高。

若要在工作場合使用這個手法，請試著站在被問問題者的立場思考。那個問題是否會有任何新奇發現？提問會不會尖銳到令人無法招架？提問能不能促使對方採取行動？

1　出自：《President》（2010 年 05 月 03 日號／PRESIDENT Inc）。
2　出自：《AERA》（2009 年 12 月 07 日號／朝日新聞出版）。
3　出自：《Can Cam》（2010 年 02 月號／小學館）。

針對遠大的目標

> 對於他人重新提出自己從未感興趣，或是完全沒想過的事情，人們常會覺得「這樣似乎也不錯」。不過，需要特別留意的是，大家對於普通的提案早已興致缺缺。

由傳遞的一方單純向接收方提出邀約：「要不要○○呢？」「一起○○吧！」是最簡單的文案形式。網路、傳單及雜誌標題，全都充斥著類似手法的文案。若是邀約內容還算新穎，可能還有一些效果，不過若要寫出令人印象深刻的文案，就必須讓接收方發出「哇喔」般驚呼的感受。那麼，我們就往下看吧！

普通▶	各位日本人，多休息一點吧！
	⬇
範例▶	讓日本休息吧！

「範例」是 1990 年 JR（Japan Railways，日本旅客鐵道）東海年度活動的文案。由於不是採用「普通」的方式提議，而是高聲疾呼：「讓日本休息吧！」而成功地讓接收方產生「哇喔」的讚歎。

普通▶	去看獅子王吧！
	⬇
範例▶	一生一次，獅子王！

「**範例**」是四季劇團針對音樂劇《獅子王》的廣告文案。因為是從「一生一次」這麼遠大的角度切入，而讓接受方留下深刻印象。

再看另一個案例吧！

普通▶	無論如何都希望你能來我們公司
	⬇
範例▶	你想繼續賣糖水一輩子，還是要改變這世界？

上述「**範例**」是蘋果的創辦人史帝夫‧賈伯斯在 1983 年，挖角當時擔任百事可樂總裁的約翰‧史谷利（John Sculley）所說的說服之詞。賈伯斯不是提出尋常的待遇或條件，而是提出遠大的提案，也就是用「你想不想改變這個世界」來觸動史谷利的心弦。

這項手法同樣可以用在各位的工作之中。各位在提案時，不要只考慮公司眼前的利益，而要意識到「業界」、「台灣」及「世界」等遠大目標。當然，如果內容空洞就只會淪為笑柄。為了不淪為笑柄，請務必竭盡全力思考充實的內容。

技巧 20 ［ 觸發好奇心 ］

> 人類與生俱來好奇心。當好奇心受到激發，就會產生「想要知道答案」、「想要嘗試看看」的心情。

有一種手法在電視娛樂節目中，往往會一而再、再而三地重複使用。那就是在節目播到高潮時戛然而止，接著畫面上就會出現字幕顯示「在這之後，○○做出了令人意想不到的舉動」，然後再將鏡頭帶到攝影棚內來賓「咦～！」的驚訝表情，最後就進入廣告。

另外，選秀或競賽節目的常用手法，就是在公布第二名之後，就說：「眾所期待的第一名，將在廣告之後揭曉！」

這種讓精彩情節「跨越廣告」，正是利用人類好奇心的典型手法。**人類只要遇到謎題或疑問，往往會想要知道解答。**雖然一般而言，大家也都知道那不是什麼必須特別留意的資訊，但還是會忍不住想要等到廣告之後看結果，這就是人之常情。

其實，大部分的推銷郵件都是利用這種心理而寫成。各位是否曾經看過類似下列的廣告郵件呢？

看到上述內容，應該有一些人會因為想知道究竟是什麼秘密，而忍不住點進網址吧！（不過，現在這種信太多了，覺得「很可疑」而不予理會的人應該更多才對。）

此外，還有藉由隱藏最重要資訊，進而誘發好奇心的手法。

普通▶ 寫好文案讓你賺 100 倍
↓
改善▶ 寫好文案讓你賺 100 倍的秘訣相當簡單。
只要將○○○○，×××××× 就好了。

因為已經透露了一些（通常是最無關緊要的部分），但最重要的資訊沒有公開，就會讓人對答案產生興趣。

順帶一提，報紙上的電視節目表，或是各種入口網站的新聞標題也都會使用相同的手法。例如，「知名女星結婚了！」這種並未具體寫出女星名字的時候，通常就是不夠有名的女星。一般來說，如果對方是寫出名字能帶來較大效果的女明星，幾乎都會寫出真名。

技巧 21 ［ 試著喃喃自語 ］

> 有時候，若以喃喃自語的方式呈現文案，就能讓接收方產生是自己這麼說的感覺。

這種文案可能只是一句看似不經意的話，好像任何人都能夠自然說出口的一樣：

範例▶ 對了，那就去京都吧！

這是 JR 東海京都觀光活動的文案，從 1993 年起到現在從未更改。至今不知有多少人看到這個就會不禁喃喃自語：「對了，那就去京都吧！」然後就真的前往京都遊玩。

此外，「對了，去○○吧！」或是「對了，就做○○吧！」等類似的句子，在雜誌、電視、網路等各種媒體上，使用頻率都相當高。只要和接收方的情感狀態一致，人類就有可能陷入是自己在這麼說的錯覺。

這個手法用在實體店面的 POP 廣告也相當有效。試想，若有位顧客對手機沒有特別要求，正在電器商場尋找手機的情景。

普通▶	功能簡單又容易上手
	⬇
改善▶	手機這種東西，只要能打電話、傳簡訊跟照相就夠了

　　這位顧客看到上述「**改善**」的 POP 內容，會不會忍不住想要將那隻手機拿起來試試看呢？這就是消費者在看到 POP 之後，產生了好像是自己這麼說的感受。

　　再看一個店內 POP 的案例吧！

範例▶	可惡，好想參加這本書的製作！

　　「**範例**」是一間以「可盡情遊玩的書店」為號召的知名複合式書店 Village Vanguard 內陳列的 POP 廣告。這篇 POP 宣傳的產品，是將「擁有透視女性衣服能力的男子腦中畫面」付諸實行的偶像寫真集。對男生來說，應該會覺得自己也會說出這句話而對該商品感到興趣。

　　「喃喃自語」很容易被誤認為是自己對自己說話，但其實是以文案替大家說出內心的真實想法。在臉書等社群媒體上也是一樣，如果想要得到更多人回應，就要丟掉以自己日常生活為題的自言自語的習慣，而是要在心裡想著「要替大家說出心裡話」，必定能夠獲得反響。

讓對方深有同感

想要提升「廣告文案力」，讓接收方獲得「同感」是相當重要的事。各位務必培養習慣，隨時思考自己寫出的文案是否確實能讓對方產生共鳴。

　　獲得他人同感的方法不只一種。其中，將技巧 21 的「喃喃自語」延伸，「直接寫出對方的心情」不僅簡單又容易理解。

　　我時常看到女性雜誌的標題，為了讓讀者代入感情而採用這種技巧。請看看下列範例。

普通▶	今年春天，就從可愛的衣服畢業吧！
	⬇
範例▶	春天不只想要「可愛」！

　　這是出自女性雜誌《JJ》的標題。如果標題就像是替自己說出「潛在的心情」，讀者就很容易產生「自己就是這麼想的」的錯覺。下一個範例也是相同情況。

範例▶	• 手長腳長的「模特兒」根本不能當作參考！ 　我想看看與自己同身高女孩的穿搭♥ [2] • 我有錢也是要用來滿足物欲 　所以減肥就是不能花錢♥ [3] • 我們之間的流行不會因為會議或討論產生 [4]

　　這些都是出自《小惡魔 Ageha》封面的文案，就像是替每一位女孩說出心聲，讓讀者因此感到與自己有關而深有同感。

　　若能運用此技巧撰寫部落格文章，便能帶來提升人氣與回應的效果。例如：

普通▶	iPad 的簡易使用方法
	⬇
改善▶	雖然買了 iPad，卻不知該如何使用！

普通▶	臉書入門
	⬇
改善▶	我的臉書有不認識的人傳送交友邀請，該怎麼辦？

　　這兩者皆是直接替對方說出他們的心情。對有相同感受的人而言，就會想要閱讀內容。

1　出自：《JJ》（2010 年 02 月號／光文社）。
2　出自：《小惡魔 Ageha》（2010 年 04 月號／ Inforest）。
3　同上。
4　出自：《小惡魔 Ageha》（2009 年 07 月號／ Inforest）。

技巧 23 ｜ 刻意拉長句子

一般認為書名、標題，以及廣告文案等都是「短句較好」。不過，這並非絕對的準則。有時刻意拉長句子，反而能讓文案更顯眼而達到強調意思的目的。

過去一般人總是認為，盡量縮短書名是常識，但後來卻有越來越多商業書的書名越變越長。

> **範例▶**
> - 《提供大碗飯的婆婆食堂一定會生意興隆》[1]
> - 《就算客人白吃白喝，也別請工讀生》[2]
> - 《20 歲的你，如果不認真看待工作與金錢，會很危險！》[3]
> - 《社長！如果你總是乖乖聽銀行行員的話，公司就會倒閉》[4]

這些例子都是將書名拉長，進而達到概述內容的目的。下列案例也是出自於《小惡魔 Ageha》。

> **普通▶** 今年度總決算期　大獎公布
>
> ⬇
>
> **範例▶**
> - 今年也有會癒合與無法癒合的傷口，令人感慨！回顧過去一年雖然辛苦，但每年慣例的總決算還是照舊進行♥
> - 今年的大獎是大家都有畫的 W 眼線♥

> │ • 發現！有沒有化妝，眼睛大小差距高達 1.5 倍 [5]

　　當讀者看到這麼長的標題，可能會因此覺得：「啊，我了解這種感覺。這期內容就是我想看的，不買不行。」若將這一年視為「有沒有化妝，眼睛大小會差 1.5 倍」，這種異常強硬的結論，也會強化文案的力道。

　　在提案簡報時，有時候只要刻意將平常應該縮短的地方拉長，就能夠強調自己想說的話。

普通▶	關於活絡賣場的幾種方式
	⬇
改善▶	為了讓貴公司的賣場令人一踏進去就感到興奮不已，或是刺激多變到能夠收取入場費，第一件該做的事是什麼？

　　如果聽到以此為主題的簡報即將展開，任誰都會想要認真聆聽吧！

1　日文名『ご飯を大盛りにするオバチャンの店は必ず繁盛する』（島田紳助助／幻冬社）。

2　日文名『「食い逃げされてもバイトは雇うな」なんて大間違い』（山田真哉著／光文社），中譯本由先覺出版。

3　日文名『20代、お金と仕事について今こそ真剣に考えないとやばいですよ！』（野瀬大樹、野瀬裕子著／CrossMedia Publishing），中譯本《20歲就賺進第一桶金》由寶鼎出版。

4　日文名『社長さん！銀行員の言うことをハイハイ聞いてたらあなたの会社、潰されますよ！』（篠崎啓嗣／川北英貴監修／subarusya）。

5　出自：《小惡魔Ageha》（2010年11月號／Inforest）。

技巧 24 [鎖定明確目標]

> 絕大多數人在擴散廣告訊息時，總會希望能讓越多人知道越好。不過，這樣一來卻會讓文案淪為俗氣，難以打動人心。為了讓接收方「有感」，鎖定目標是相當有效的方法。因為文案是針對特定目標所寫，所以更容易讓接收方覺得與自己有關。

雜誌的標題常會對某個特定年齡層的人進行呼籲。以下三個案例，全都是採用這種技巧。

普通▶	結交「朋友」的方法
範例▶	從 35 歲開始，結交「朋友」的方法[1]

普通▶	黑貓熊妝　白貓熊妝
範例▶	30 歲更需要的黑貓熊妝　白貓熊妝[2]

普通▶	栽培「傑尼斯」的方法
範例▶	40 歲開始，栽培「傑尼斯」的方法[3]

上述案例依序是《SPA！》、《VERY》、《STORY》雜誌的標題。三個都是以年齡作為區隔，但其實就是雜誌讀者的年齡。也就是說，看似縮小目標範圍，其實並非如此。不過，藉由鎖定年齡，就會<mark>讓讀者認為：「是不是在說我？」</mark>

看到「**範例**」就可以知道，將原先針對年輕人設計的內容加以處理，改編成適合較年長者的訊息，就能得到不錯的效果。

書名也是如此，依據年齡鎖定目標讀者的方法相當盛行。正因為現今出版的書籍眾多，如果無法讓讀者認為與自己有關，根本不可能讓讀者拿起來多看一眼。

下列介紹幾本書名包含年齡的書籍。如同技巧 9 中提到的，用書名呈現「具體所需時間」時，有些常用的數字，在年齡上亦然；有些年齡使用頻率較高，也有些鮮少出現的數字，深入調查會發現相當有意思。

雖然目前幾乎沒有「從 70 歲開始」或「從 80 開始」的書，但未來若少子化、高齡化情況加劇，或許會增加許多這類書籍。

範例▶
- 《理所當然，卻難以做到：25 歲以後的規則》[4]
- 《28 歲之後的現實》[5]
- 《30 歲再次受歡迎！大人的成功戀愛法則》[6]
- 《35 歲前一定要養成的 10 種工作習慣》[7]
- 《40 歲開始成長的人　40 歲停滯的人》[8]
- 《50 歲開始不生病的生活革命》[9]
- 《60 歲開始的簡單滿足生活》[10]

仔細觀察這些書名會發現，雖然使用「（從……）開始」、「（到……）之後」之類的助詞，看起來已鎖定明確目標，但事

實上卻非如此。

區隔目標的方式百百種，除了年齡之外，還有「地區」、「時間」、「性別」以及「尺寸」等。

越針對某個明確對象，符合該條件者就會產生興趣、對號入座。尤其是突如其來的廣告，越縮小目標越能打動閱聽者的心。

由於目標客群範圍廣大而難以針對明確對象，應該是許多人的煩惱，這時可試著採用「看似鎖定客群，實則不然」的手法。

下面以汽車保險推銷信為例。

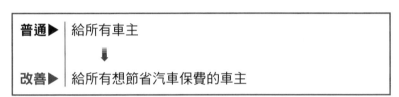

依照「**普通**」的寫法，呼籲對象的範圍過大，難以讓接收方聯想到與自己有關。於是，採取「看似鎖定客群，實則不然」的手法，就能吸引目標對象的目光。只要是有開車的人，誰不想「節省汽車保費」？利用這個技巧就能增加目標客群對號入座的機會。

接下來，試試具體鎖定目標。

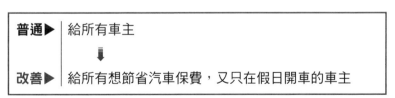

加上「只在假日開車」的條件，就能進一步鎖定族群。事實上，對工作時不需開車的人來說，大多就只會在假日開車。這就

是看似鎖定目標，實則不然的手法。如此一來，就能讓接收方認為「啊，是在說我」，進而提升進一步了解的興趣。

那麼，再更進一步縮小目標看看。

普通▶	給所有車主
	⬇
改善▶	好消息只給符合下列三大條件的車主！「想節省汽車保費」、「只在假日開車」及「30 歲以上」

上面是以「30 歲以上」為年齡限制縮小目標。但事實上，近來年輕人與汽車漸行漸遠，車主大多還是以 30 歲以上居多。因此，這也是個看似鎖定目標，實則不然的手法。採用此手法，便會增加許多車主，認為是自己的事，進而產生關切。

1　出自：《SPA!》（2010 年 03 月 09 日號／扶桑社）。

2　出自：《VERY》（2010 年 02 月號／光文社）。

3　出自：《STORY》（2009 年 12 月號／光文社）。

4　日文名『あたりまえだけどなかなかできない　25 歳からのルール』（吉山勇樹著／明日香出版社）。

5　日文名『28 歳からのリアル』（人生戰略會議著／ WAVE 出版）。

6　日文名『30 歳からもう一度モテる！大人の恋愛成功法則』（Ma-chin 著／ KANKI Publishing）。

7　日文名『35 歳までに必ず身につけるべき 10 の習慣』（重茂達著／ KANKI Publishing），中譯本由大是文化出版。

8　日文名『40 歳から伸びる人、40 歳で止まる人』（川北義則著／ PHP 研究所），中譯本由天下雜誌出版。

9　日文名『50 歳からの病気にならない生き方革命』（安保徹著／海龍社）。

10 日文名『60 歳からのシンプル満足生活』（三津田富左子著／三笠書房），中譯本《三津田阿嬤的幸福散策》由寶瓶文化出版。

技巧
25 [**降低門檻**]

> 　　傳遞訊息時，只要降低門檻就會讓對方認為「自己也做得到」，進而產生嘗試的意願。這一點同樣適用於做生意，比如先降低門檻讓顧客試用，進而有機會讓顧客消費正式的服務。

　　許多書籍會取名為「日本第一簡單」、「世界第一簡單」、「每個人都做得到」、「初學者的」、「第一次」、「〇〇入門」、「〇〇的說明書」，以及「猴子也能了解」等看似做起來易如反掌的書名（話說，本書的日文書名直譯也是「廣告文案的基本」〔キャッチコピー力の基本〕）。

　　這都是為了讓對該領域一無所知、首次拿起這類書籍者，能夠降低門檻，留下好印象。

　　這項方法可與技巧 24 的「（假裝）鎖定目標」併用。例如將「不會收拾整理」、「不善言辭」或「無法堅持下去」等多數人心裡的自卑當成標題。因為這些是絕大多數人的通病，乍看之下鎖定了族群，其實卻不然，還藉此降低了門檻。

　　對做生意來說，降低門檻的方法也相當實用有效，下列以加

油站的招牌或海報說明。一般而言，許多人即使「只想洗車」，也不太敢為了純洗車而去加油站，但若有下列招牌的話，事情應該就會有所不同。

> **範例▶** 純洗車也歡迎！

看到這種招牌，就讓人比較沒有顧慮了吧！如果讓顧客對服務留下良好印象，更可能因此成為常客呢！

再者，如果餐廳裝潢高級到讓人有距離感，不妨在店門口擺出下列招牌。

> **範例▶**
> - 歡迎一人顧客
> - 只想喝一杯咖啡也請進！

如果認為「顧客只喝一杯咖啡賺不到錢」，就大錯特錯了。即使這次顧客只喝一杯咖啡，卻有可能因為受到服務而感動，未來再度光臨享用正餐。

先前急速成長的酒類連鎖專賣店 Kakuyasu，就打出「東京23 區，一瓶啤酒即免運費」的廣告台詞。該台詞成功的主因就是將免運費的門檻降低至「一瓶啤酒」，不過實際上真的只購買一瓶啤酒的人應該是極為少數。

若要著手開發新產品或替新產品命名，採取「降低門檻」的策略，往往能得到不錯的效果。

請參考以下替減肥法命名的案例。像減肥這種大家都認為需要經過一番辛勞才能獲得成果的事情，強調輕鬆達成就是重點。

> **範例▶**
> - 《圍著就能瘦》[1]
> - 《貼上就能瘦》[2]
> - 《睡覺就能瘦》[3]

　　像這種「只要○○就能 ××」的說法，就是降低門檻的「神奇字句」（參考技巧 58）。

　　此外，食譜的命名也可以當作參考。一般而言，大家都認為做菜很花時間，如何宣傳可以輕鬆做料理就是關鍵。以下舉出幾個例子。

> **範例▶**
> - 微波爐就能做出的超簡單白醬
> - 任何人都可做出的居酒屋鍋燒烏龍麵
> - 簡單到難以想像的起司蛋糕

　　「超簡單」、「任何人都可做出」、「簡單到難以想像」等，都能作為開發新產品或命名的啟發。越是給人耗時形象的商品，越可達到良好效果。

1　日文名『巻くだけダイエット』（山本千尋著／幻冬社），中譯本《日本史上最暢銷 NO.1 瘦身書：史上最強彈力帶瘦身》由瑞麗美人國際媒體出版。

2　日文名『貼るだけダイエット』（野崎直哉著／ WAVE 出版），中譯本《史上最強運動貼布瘦身：日本史上最簡單 NO.1 瘦身書》由瑞麗美人國際媒體出版。

3　日文名『寝るだけダイエット』（福辻鋭記著／扶桑社）。

老實說

老實說出自己的缺點，反而得到對方信任的案例非常非常多。因此，有時對於自己的缺點，不妨大方公開承認，也是一種有效的宣傳方式。

此**範例**是播放多年的青汁（一種以植物為原料的機能飲品）廣告，八名信夫先生喝下青汁後所說的一句話。

普通▶	啊，好喝。再來一杯
範例▶	啊，好難喝。再來一杯

據說，分鏡腳本裡原本沒有這句對白，這是八名信夫先生不經意說出的話，得到商品公司負責人的同意而採用，實際播出後反應相當熱烈。正因為用了「難喝」這個在廣告中不可能出現的誠實感想，反而讓觀眾留下深刻的印象。當然，或許因為這是以健康為訴求的商品，味道並不是那麼重要吧！

撰寫 POP 時，這種「老實說」的手法也相當有效。

普通▶	花錢買品質！
改善▶	老實說，原本覺得有點貴，但用過之後卻驚為天人！

普通▶	好吃的小黃瓜
改善▶	外表不中看，味道卻是最棒的！

　　上述兩個案例應該都是「**改善**」較能引起消費者的購買意願吧？這都是因為兩者皆藉由事先老實說出缺點，再告訴消費者「但是，卻有這般優點」的緣故。通常只要推銷方先承認缺點，人們就會對後面提及的優點更容易接受。

　　在工作場合中，「老實說」也能充分發揮效益。比如在推銷或進行簡報之前，自己先說出對方可能會特別攻擊的弱點。因為被推銷或聽取簡報一方，通常都會帶有警戒心，認為「自己或許會受到三寸不爛之舌的攻擊」。這個時候，若對方聽到了自己先承認了弱點，就會卸下心防。

　　接著，只需要在老實說出弱點後，強調商品或提案的優點能超越弱點即可。不過，在此必須留意的是，關於商品或提案弱點，不得是對方眼中的致命弱點才行。

技巧 27 [切身搭話]

> 此項方法與技巧 18 提到的「試著提出問題」類似，是一種透過誠懇態度，詢問更私人問題的技巧。如果詢問方式能讓接收方下意識回答「是」，就能讓對方認為該文案是在與自己對話。

「切身搭話」的方法在撰寫 DM、店門口看板、POP 或是網路購物等的廣告詞格外有效。可參考下列搭話方式。

範例▶ | 最近是不是開始在意腹部脂肪了呢？

看到這個文案，在意腹部脂肪的人應該忍不住會在心中回答：「對！我很在意！」若是如此，就會提高讀完整篇文章的可能性。

搭話型語句越符合接收方在意或煩惱的事情，就越能夠發揮效果。

若在整骨診所門口看板看到下列語句，各位會作何感想呢？

範例▶ | 你已經放棄治好疼痛了嗎？

如果是美容院，就可以嘗試下列文案。

> **範例▶** 你真的喜歡現在的髮型嗎？

對於超市的食品販賣區，則可以變化下列文案。

> **範例▶** 各位媽媽，每天想著便當的菜色，很辛苦吧？

運用上述搭話句型撰寫文案，顧客就會感同身受，繼續看完相關說明的機會也會提高許多。

這個技巧也可以用在簡報提案的場合。假設現在要向顧客提出「提升營業額」的方案。

> **普通▶** 提升本月營業額 50% 的方法
> ⬇
> **改善▶** 想將本月營業額提升 50% 嗎？

看到「**普通**」的標題，接收方會先在心中「打個問號」，但若是像「**改善**」般切身搭話，聽者就會忍不住在心中回答：「我要！」

若能夠在標題或廣告文案就先讓對方回答：「是的！」那麼顧客對於提案內容往往會有相同的反應，也就是能夠得到顧客的認同。

出題猜謎

人類只要看到謎題，就會產生「忍不住想知道答案，想繼續看下去」的心情。因此電視節目時常會看到先出題，再說「答案在廣告回來後揭曉」的情況，就是充分利用人類心理的模式。

東京 JR 山手線或中央線快速列車的車廂門上，可看到名為火車頻道的數位看板，沒有聲音、只是靜靜地播放天氣預報等資訊或廣告。有時則會出現猜謎，下列舉出實際題目。

範例▶ | **Q1**「生卵」和「生玉子」哪一個是正確的日文漢字？

範例▶ | **Q2**「輕忽」（なおざり）跟「敷衍」（おざなり）的意思有何差別？

這兩道問題看似知不知道答案都沒差，但是大家不會好奇答案是什麼嗎？（※ 正解在此技巧的最後揭曉）

這項技巧可適用於所有廣告或推銷信件。為了提升網路廣告的快速回應率，透過猜謎形式呈現廣告詞，是相當有效的做法；

在推銷信件上也是，只要在信封表面或標題秀出謎題，就有機會提高收信者打開的機率。

不過，如果猜謎題目與想打廣告的商品連結性過強，就有可能完全無法引起對方的興趣。因此，最有效的方式就是從一般性的題目切入，再與廣告產生連結。

以猜謎的方式呈現部落格文章的標題，讀者就會在無意中產生想要繼續看下去的心情。這樣一來，便能夠增加點閱率以及開封率。

從書中找尋猜謎題目的靈感，再放到書腰上當成廣告詞，應該也很有意思。當讀者看到題目，就有可能因為想知道答案而拿起來閱讀（但也有只是站著確認完答案後就放回去的風險）。

各位不妨將此技巧運用在撰寫企畫書或進行簡報之時。在標題設計問題，對方就會想要知道答案。不過，這時與廣告不同，必須設計與提案內容相關的題目。如果題目與內容毫無關聯，就會轉移接收方的注意力，反而可能讓內容失去焦點。

※ **Q1 解答**：「卵」是從生物學的角度來看，而「玉子」則是指經過烹煮的食材。由於食材也有烹煮前的狀態，所以兩邊都是正確答案。
※ **Q2 解答**：「輕忽」（なおざり）跟「敷衍」（おざなり）」兩者都含有「隨便」的意思。不過，以結果來說，「敷衍」還是有做出某種應對，而「輕忽」則是指一開始就無所作為或半途而廢的狀態。

激發改變的鬥志

只要發現繼續這樣下去「前途堪憂」，人們就會產生「必須做些什麼」或是「必須有所改變」的想法。

在各類型的書籍中，心理勵志、個人成長類型的書籍目標，在於喚醒讀者思考並付諸實際行動。正因如此，最重要的就是讓讀者認為：「這樣下去前途堪憂，必須有所改變！」

《無法整理，但是又沒時間：七個步驟改變「散漫不已的自己」》（*It's Hard to Make a Difference When You Can't Find Your Keys*，Paul Marilyn 著）[1] 是一本從書名就可發現是屬於個人成長類型書籍的例子，原文書名直譯就是「無法找到最關鍵的東西，就難以改變」。

這本書從書腰的廣告詞就帶給讀者相當強烈的印象。首先，請看下列的「範例」。

普通▶	你的書桌整齊嗎？
	⬇
範例▶	書桌上的醜態就等於你的人生

「書桌不整齊的你」在書店看到這句廣告詞，應該會感到心頭一震，感到「就是在說我」吧！接下來就會拿起書瀏覽目錄。目錄的標題也都相當強烈，會讓人認為「這樣下去未來堪憂」、「必須有所改變」！

> **範例▶**
> - 書桌上的慘樣，就是你人生的縮影
> - 光是下定決心「在這個週末大掃除」是沒有用的
> - 懶散的人是「找藉口的天才」
> - 看是要說出來求助，還是要持續「恥上加恥」
> - 拖延做決定的時間，就是將垃圾（未決之事）丟給未來

各位覺得如何呢？看了這些目錄，是不是覺得「這樣下去，未來一片黑暗」，或是「必須有所改變」呢？如果大家看完會有這般想法，應該就會拿起書去櫃檯結帳吧！世界上有許多人不僅無法整理自己的書桌，就連自己的人生也無法安排得井然有序。這本書因此成為銷售超過 12 萬冊的暢銷書籍。

在工作層面上，各位可以試著在企畫書或簡報提案的標題運用這項技巧。

若有強烈渴望接收方察覺之處，便可透過加入「這樣下去，未來一片黑暗」或是「必須有所改變」的訊息，令人留下深刻印象。只不過請務必留意，若做得太過火，也可能會引起反效果。

---

1 日文名『だから片づかない。なのに時間がない。「だらしない自分」を変える７つのステップ』（堀千惠子譯／DIAMOND Inc）。

技巧 30 ［ 利用排名效應 ］

> 　　現今社會資訊氾濫，「引起瘋狂搶購」或「廣受好評」等事實，往往能成為一大賣點，因為人類通常會對很多人購買的東西抱著極大興趣。因此，許多書店、唱片行、飲料店等店家都會展示排行榜。

　　最近，電視最受矚目的就是透過排名介紹某種資訊的節目。從前歌唱節目盛行，近年以排名為主要內容的節目卻呈現大幅成長。不光是製作費便宜，再加上採取公布排名的形式，就能令觀眾傾向把節目看完。

　　報紙上常看到的書籍廣告，除了會強打銷售量之外，也會詳細刊登在各大書店的排名順序。知道「很多人購買」的資訊，就能引起讀者「想要閱讀」的心情。

　　雖然光是榜上有名就能獲得極大效果，更不用說得到「第一名」是多麼大的優勢。好萊塢電影從以前開始，就常在電影預告出現「全美第一」的宣傳字眼。

　　在現實生活中要獲得第一名，其實有一定難度。這時不妨透過「縮小範圍、自訂條件、改變標準」來得到第一名。好萊塢電影會以「全美第一」的字眼宣傳，其實是有為期一週或上映首日的條件限制，只是標示文字大多小到看不清楚（題外話，「全美

哭泣」或「震撼全美」之類的字眼也很常見）。

此外，許多書籍時常標榜榮登「Amazon 第一名」，仔細一看卻會發現並非總榜第一名，而是分類排行榜中的第一名。這就表示「第一名」的頭銜具有相當的影響力。

接下來就介紹一些利用排名權威所寫成的廣告文案吧！

普通▶ 大學生消費生活協同公會中最多人看過的書！

⬇

範例▶ 東京大學與京都大學最多人看過的書

「**範例**」是銷售超過一百萬冊的超級長銷書，《這樣思考，人生就不一樣》[1]的書腰廣告文案。該書出版於 1983 年，到 2007 年為止，銷售量為 17 萬餘冊。

然而就在岩手縣盛岡市的某位書店店員在該書上貼了手寫 POP，寫著「我不禁在想……如果能在年輕時遇到這本書就好了」，而使得該書廣受中高年族群的歡迎。出版社嗅到商機，於是在書腰上添加此文案，造成日本各地書店熱賣，一年後，銷售量突破 50 萬冊。其後雖有段時間熱賣風潮漸緩，卻在 2009 年 2月再打出「**範例**」文案的「東京大學與京都大學最多人看過的書」，使得銷售量再次狂飆，不到半年時間，就超過了 100 萬冊。

這就是善加利用在特定條件下得到第一名的案例，使讀者自動解讀該書「在日本最知性的地區熱賣」而引起興趣。話說回來，幾十年前出版的書籍，竟然能透過書腰文案的力量就造成大賣，可見「廣告文案力」實在不容小覷。

在職場中，也可以透過針對特定領域獲得成就的事實，打造出多種第一名。例如，居酒屋的菜單就可以做成下列樣子。

> **範例▶**
> - 最受女性顧客喜愛！
> - 不知為何最受 O 型顧客歡迎！
> - 店長推薦第一名！
> - 常客都說「這個第一好吃」
> - 夏天暢銷第一名
> - 昨天賣得最好的料理
> - 工作人員最推薦
> - 去年度日本酒的 MVP
> - 2010 年榮獲本店年度最佳燒酒獎

像上述案例一樣，只要改變觀點，就可以培養出無數個「第一名」。只要聽到「第一名」就會「想要嘗試看看」，這就是顧客的心理。

---

1 日文名『思考の整理学』（外山滋比古著／筑摩書房），中譯本由究竟出版。

強調稀有性

> 《影響力：讓人乖乖聽話的說服術》[1]一書中也強調，人類對於「稀有性」總是特別無法招架。一旦知道那是「難以得手之物」，就會不顧一切想要弄到手。
>
> 再者，透過限定確切期間，也能提高稀有性。人類只要快失去某種機會，就會將之視為有價值的事物。
>
> 銷售產品時，強調商品的稀有性可說是基本中的基本，這也表示此技巧確實能帶來效果。

無論在實體店鋪或網路上，常會看到強調數量有限的銷售手法，例如「限定○個」、「只能買○個」、「剩下○個」的說法。商家之所以會這麼做，就是為了讓顧客意識到「如果不早點下手，就會買不到」。

此外，利用「僅限今天」造成時間的稀有性也相當有效。「下次進貨時間未定」、「本店獨家產品」等字眼也可以推動顧客做出購買決定。因為人類對於稀有性總是難以抗拒。

接下來請參考壽司店菜單的文案吧！

普通▶	鮪魚鰓進貨了
	⬇
改善▶	一隻鮪魚只有數十克的稀有部位

　　像「改善」案例一般，特別強調其稀有罕見，就能大幅提升價值。

　　此技巧亦可運用在上班族的工作之中。例如，推銷商品時，可以限定販賣時間或銷售數量。以「網路商店限定」或「只限VIP會員購買」等說法，強調無法輕易入手，也是提高稀有性的做法之一。

　　不過，在此務必留意的是，如果明明有許多庫存商品，卻不斷強調其貴重稀有，總有一天事情會被揭穿。正是因為此技巧效果顯著，更應該避免胡亂使用。

　　此外，還有一種強調「稀有性」的方法，是著眼於一般人會忽略的觀點，如下：

範例▶	今年的聖誕節一生只有一次

　　看到這句話，大家是不是突然覺得今年的聖誕節格外具有價值？雖然這件事情極為理所當然，卻是平常無人提及就不會特別注意的事情，藉此強調其稀有性也是相當有效的技巧。

1　日文名『影響力武器』（Robert Cialdini〔羅伯特・席爾迪尼〕著／社會行動研究會譯／誠信書房），中譯本由久石出版。

認真提出請求

想要對方付諸行動執行某件事情，有一種方法就是「坦白地認真提出請求」。讓接收方感受到傳遞方的認真程度，就能打動人心。

下列是一個毫無遮掩，直率表達認真請求的例子。1985 年由小泉今日子女士代言的感冒藥廣告，帶給許多文案工作者不小的衝擊。

範例▶ | 請購買 BENZA ACE A（感冒藥）

我相信所有廣告其實都想老實呼籲各位「請買○○」。不過，就算老實說出心裡話，也不一定就能引起消費者的購買欲望。因此，長久以來廣告才需要加入多種修辭技巧來打動人心。不過，上述「範例」卻是打破成規，直截了當地說出「請購買這個商品」。這是由仲畑貴志先生所寫的文案。

如果銷售人員在面前下跪，並說：「請您買吧！拜託您了！」我想應該會有不少人願意掏出荷包吧！也就是說，人類總是難以抗拒他人的認真請求。不過，請注意這項技巧可不能重複使用。

「影響力的武器」該使用？
還是該小心？

　　明明沒有人教過，可是人類天生對於某種資訊或行為就會反射性地產生「固定行為模式」。雖然根據民族、種族，以及文化的不同，或多或少會有些差異，但大部分都有此共通特徵。我們總是認為「自己是經過全面思考後才付諸行動」，事實上大多時候都是未經縝密思考就回答了「Yes」。

　　我們無論喜歡或討厭一個人，只要從對方那裡獲得東西或幫助，就會產生「回報」的心理，這就是所謂的「互惠原理」。一般認為，在漫長歷史中，人類從經驗中學到「接受別人的恩惠後，比起忽略，有所回報能得到較好的結果」，而會出現上述反射性行為。

　　技巧 31 提到的《影響力：讓人乖乖聽話的說服術》（羅伯特・席爾迪尼著）就是從社會心理學的角度，探討人類這種行為模式。

　　席爾迪尼在該書中提及，下列「武器」會讓人產生上述反射性行為。

1. 互惠原理

受到他人幫助，如果不回報就會感到不舒服。

2. 承諾和一致原理

一旦做出某種宣示，就無法違背、說出相反的意見。

3. 社會認同原理

總是認為自己不會隨波逐流，可實際上卻容易受他人的行為影響（或同意他人的意見）。

4. 愛屋及烏原理

只要是自己喜歡的人推薦的東西，就會覺得看起來十分迷人而想要入手。

5. 權威原理

只要受到某種權威命令（包含權力、地位、實績、制服、長相或穿著），容易不多思考就服從。

6. 稀有性原理

只要看到數量稀少、有銷售時間限制，或是難以入手等條件，即使原本不是那麼想要的東西，也會產生欲望。」

這些都是在銷售或尋求他人關注時，十分有效的手法。本書也會運用上述原理介紹幾種文案撰寫技巧。

不過，若是站在相對的立場，就必須留意自己是否會做出這些反射性行為。因為有許多說服專家，像是業務、政治家、宗教團體或廣告人等，都會企圖利用這些手法讓事情往他們期待的方向推進。

第**4**章

運用「順口」的句子

技巧 33 [重視語句的節奏]

語句節奏明快，就容易進入大腦，讓人留下深刻印象。
因此，若想要寫出令人難以忘懷的文案，就必須重視節奏。

以下介紹眾所皆知，語句節奏明快的文案範例。說到專賣牛丼的吉野家廣告文案就是：

範例▶ | 好吃、快速、便宜

說到寶塚歌劇團的宗旨就是：

範例▶ | 清純、正直、美麗

說到《週刊少年 Jump》的關鍵字就是：

範例▶ | 友情、努力、勝利

這些語句都相當具有節奏感，所以都很容易記住。尤其像上述「範例」一樣，三個有節奏的語詞並列，就能夠刺進心坎，留下記憶。

有時候句子會經過部分修改，在雜誌標題或企業廣告詞中出現（比如「清純、正直、美麗」也是漫畫與歌曲的標題）。

無論在日本或世界上其他地方，都常使用「以三個語句並列帶出節奏」的手法。下列就是許多人耳熟能詳的知名案例。

範例▶ | 不見、不聞、不言

對日本人而言，這句教誨是出自日光東照宮的「三猿」雕像。不過，這句話的發祥地並非日本，而是原本就在世界上廣為流傳的語句。由於念起來順口又富節奏感，容易讓人留下印象。

接下來，再看下一個案例。

範例▶ | 我見、我來、我征服（Veni vidi vici）

這是蓋烏斯・尤利烏斯・凱撒（凱撒大帝）在澤拉大戰中獲得大勝，寫給人在羅馬的格奈烏斯・馬蒂烏斯的著名捷報。

因為內容簡潔明快，所以才從千年前流傳至今（順帶一提，大阪某間電器行就仿照此內容，長年以「我見、我來、我購買」為廣告標語）。

寫出像上面那麼完美的文案或許不容易，不過只要單純將三個字詞並列，就可以打造有節奏感的語句。下面就來看看《anan》的標題吧！

看完上述**範例**應該會發現，將三個詞並列就能夠成功帶出節奏感。

這項「三個詞並列」的技巧，在工作場合也非常有效。

比如要策畫一個請講師以「廣告文案基礎技巧」為題的研討會，請試著想想看該如何命名。

普通▶	「廣告文案基礎技巧」講座
	⬇
改善▶	抓住、刺進、留在心上 「廣告文案力」教學講座

各位應該會發現，「**改善**」添加了「抓住、刺進、留在心上」如此富有節奏感的文案，才能夠讓人留下比較深刻的印象。請嘗試看看在企畫或提案書前的標題運用有節奏感的語句吧！

1　出自：《anan》（2010 年 1693 號／ MAGAZINE HOUSE）。
2　出自：《anan》（2010 年 1698 號／ MAGAZINE HOUSE）。
3　出自：《anan》（2010 年 1693 號／ MAGAZINE HOUSE）。

技巧 34 寫成詩句格律

日本自古以來就有短歌或俳句等，以「5 個字」和「7 個字」為單位來帶出節奏的韻文。即使時代變遷，運用五七調或七五調的語句，依舊能輕易進入大腦並留下記憶。

各位是否知道交通安全等宣導標語，經常使用此種形式？

範例▶			
• 請勿衝出來	因為車子沒辦法	突然停下來
• 無論多麼急	也一定要保持好	車子的距離

本章最後的「專欄」會提到「戰爭期間的口號」，其最大特徵就是大多以七五調為主。因為標語或口號相當適合這種形式。

1968 年校園紛爭盛行之際，在東京大學駒場祭的海報中，有一句使用七五調的文案受到矚目。

範例▶	請不要阻止我啊	我的母親啊	背後的銀杏葉子
	正在流著淚	東京大學男學生	究竟要去哪

想出該文案的是當時就讀東京大學，之後成為作家的橋本治先生。當時，以高倉健主演的任俠電影相當流行，宣傳語句大多

使用七五調的形式。我想，這都是受其影響的緣故。

接下來，就來看以七五調形式為主的任俠片的宣傳語句。

範例▶
- 如果母親還活著　　她必定會說
  你切記萬萬不可　　犯下殺人罪
  隨後在我臉頰上　　留下了淚水
  （《網走番外地望鄉篇》）
- 地獄來的伴手禮　　拜一拜再走
  不知究竟是雨滴　　是血還是汗
  所有一切都濕透　　唐獅子牡丹
  （《昭和殘俠傳》）

雖然內容本身就具有相當的衝擊性，不過我想功勞最大的，應該還是富有節奏感的七五調形式吧！對於日本人來說，七五調跟五七調就是能夠快速進入腦中的魔法節奏。

不過，看過上述案例後，各位應該會發現，採取七五調或五七調形式，語句容易變得較為過時老氣。說穿了，就是帶有「昭和的味道」。

昭和時期的廣告常會出現採取七五調或五七調的文案，但最近已經鮮少出現。若想刻意營造懷舊風情，或許可以試著採取此種形式。

若以七五調或五七調的形式，呈現企畫或提案書的標題或文案，或許也會有蠻有趣的。

［　雙關語　］

也許有些人對「雙關語」的第一印象是某些老掉牙的網路笑話，但若能在標題或廣告文案中巧妙加入雙關語，也能發揮強大力量。當然，萬一不小心走錯一步就會淪為廉價的冷笑話，所以請務必要小心利用。

說到雙關語的文案人員，最先想到的就是 2009 年過世的真木準先生（雖然當事人討厭被說成「雙關語」，堅持是「時尚語」）。來看看真木先生的作品吧！

範例 1 ▶	• でっかいどお	好大的，北海道 （全日空北海道宣傳活動）
	• おおきいなぁワッ	沖繩好大（全日空沖繩宣傳活動）
	• ホンダ買うボーイ	本田牛仔買吧（本田 CR-V）
	• ボーヤハント	小孩也能拿（Sony Handycam）

看過之後，各位應該知道這些並非單純的雙關語，而是能夠讓觀眾浮現商品畫面的經典文案。乍看之下，或許會認為這些文案誰都想得到，事實上卻是難以模仿。

首先，請從接下來的技巧 36「押韻」或技巧 37「對句與對比」開始挑戰吧！

---

1 編注：台灣的著名案例如：「2-882-5252 →餓，爸爸餓，我餓我餓（達美樂披薩）」、「它抓得住我（柯尼卡軟片）」、「今生金飾→今生今世」、「只有遠傳，沒有距離（遠傳電信）」、「要刮別人的鬍子，先把自己的刮乾淨（舒適牌刮鬍刀）」。

技巧 36 ［押韻］

「押韻」就是句尾的音韻一致。透過押韻，就可讓語句產生節奏，讓接收方感到舒服與容易記憶。

「押韻」這個手法不僅在日本，就連古時候的西方國家與中國，都曾將押韻廣泛運用在「詩」或是歌曲的「詞」之中。想像一下饒舌歌曲的歌詞，應該不難理解吧！

許多廣告都曾出現令人印象深刻的企業口號，就是因為押韻的緣故[1]。

普通▶	這台電腦，裝有英特爾
	⬇
範例▶	英特爾，在裡頭兒（インテル入ってる）

普通▶	去 7-11，就會有好心情
	⬇
範例▶	去 7-11，就笑嘻嘻（セブンイレブン、いい気分）

如上述案例，日文發音的句尾共通音韻不止一個，若能安排兩個相同的音韻，押韻的效果將更加強大。

日本棒球選手松坂大輔在高中畢業之際，以備受矚目的新人之姿進入西武獅隊，並在 1999 年 5 月 16 日擔任先發，直接對戰

歐力士野牛，也就是當時連續五年成為打擊王的鈴木一朗選手所屬的隊伍。在這場比賽中，松坂大輔三振了鈴木一朗 3 次，主投 8 局交出 13 次三振 1 安打的好成績。下列「**範例**」就是當天採訪，松坂選手所說的話。

普通▶	我有自信了
	⬇
範例▶	我的自信轉為確信了

　　這句知名棒球選手所說的名言，至今仍深刻留在許多人心中。如果當時他的感想是像「**普通**」一樣的話，會有相同結果嗎？大家不覺得正是因為「自信」與「確信」兩個詞有押韻，才讓人留下深刻印象嗎？

　　順帶一題，在技巧 29 介紹的書籍《無法整理，但是又沒時間》（だから片付かない。なのに時間がない），雖然書名較長，卻因為日文發音在「無法／沒」的押韻，因此讓人記憶深刻。

　　若要找出日文語尾相同的音韻字詞來設計押韻，可以參考一本相當方便的《日本語逆引辭典》[2]。由於順序是依照後面一字的五十音編排，因此很容易找到押韻的字詞。各位可以先思考關鍵字詞，再查要押韻的詞彙。這本辭典對於想提升日文廣告文案力者（饒舌歌手也是？）是絕對必備的辭典。

1　編注：台灣的著名案例如：「只要 Double A，萬事都 OK（Double A 影印紙）」、「鑽石恆久遠，一顆永流傳（De Beers 鑽石）」、「Always open, seven eleven（7-11 便利商店）」。

2　日文名『日本語逆引き辞典』（北原保雄著／大修館書店）。

對句與對比

所謂的對句就是將兩個字數相同、意思相對的句子並排呈現。這種修辭技巧原常見於古代詩詞體例,現則多使用在書名或雜誌標題上,也有相當不錯的效果。

下列幾種諺語或慣用句即為常見的對句。

範例[1] ▶
- 人生短暫　　藝術長存
- 耳聞是虛　　眼見為實
- 沈默是金　　雄辯是銀
- 比上不足　　比下有餘

各位應該會發現,上述幾句因為念起來順口,所以容易留下深刻的印象。

日本 1997 年之後採用對句方式命名的書籍,就有 5 本書名列暢銷排行榜前幾名。

範例▶
- 《誇獎他人,貶低他人》[2]
- 《不認真聽話的男人,看不懂地圖的女人》[3]
- 《富爸爸,窮爸爸》[4]
- 《說謊男,愛哭女》[5]
- 《頭腦好、頭腦差的說話方式》[6]

從這些案例可知，對句、對比法也有許多不同的變化與模式，因此接下來依照工作與日常生活中的運用方式，分成五大類說明。

模式 1 「○○（肯定）某某，××（否定）某某」

《誇獎他人，貶低他人》和《頭腦好、頭腦差的說話方式》皆屬於此類。

由於這是以某種方式將社會上的人一分為二，因此每個人都可以將自己歸類進去。如此一來，就容易讓讀者與自己產生連結。此方式常運用於雜誌標題，下列分別是《AERA》、《President》和《edu》的案例。

範例▶ ● 會被加薪的人，會被減薪的人 [7]
● 被需要的員工，不被需要的員工 [8]
● 照顧小孩而變美，或照顧小孩而變老 [9]

模式 2 「X 的○○，Y 的△△」

《不認真聽話的男人，看不懂地圖的女人》和《說謊男，愛哭女》等，以及下面舉例的常用句型和諺語，都屬於此模式。這甚至可說是「最有感覺的對句」。一般而言，X 與 Y、○○跟△△通常分別也是對立的概念。除了剛才的案例之外，下列常用句型也是屬於這個模式。

範例 [10] ▶	• 前門拒虎，後門迎狼
	• 勝者為王，敗者為寇
	• 留意一秒，受傷一生

電影導演黑澤明先生的名言，也是採用此種形式。

普通▶	像惡魔一樣大膽！像天使那樣細心！
	⬇
範例▶	像惡魔一樣細心！像天使那樣大膽！

「範例」用了與一般對「惡魔」和「天使」形象不同的字詞搭配，不僅加深了文案的力量，也讓讀者留下更深的印象。

模式 3 「XX 的某某，YY 的某某」

雖然與模式 1 類似，Y 卻不是 X 的否定形，例如下列單純不同形容詞的並列組合。

| 範例▶ | • 「平靜的夏威夷」、「興奮的夏威夷」深度導覽 [11] |
| | • 穿上「賢妻洋裝」、「心機洋裝」變身美女 [12] |

上述分別是時尚雜誌《VERY》和《STORY》的標題。此外，也可利用「A 組對 B 組」的「對」一詞，也就是「vs.」（versus 的縮寫）來加強對立關係。商務雜誌《THE21》的特刊廣告文案，就巧妙地利用了此項手法。

> **範例▶** ● 一流的閱讀技巧 vs. 二流的閱讀技巧 [13]
> ● 「工作速度快」vs.「工作速度慢」兩者間有何差異？[14]
> ● 「時間窮人」vs.「時間富翁」的習慣 [15]

下一個是《AERA》的標題。

> **範例▶** 母親的 SEX　丈夫的 SEX[16]

一般人會以「妻子」和「丈夫」為一組作搭配，但此處刻意將「母親」與「丈夫」搭配，成為更吸睛奪目的組合。

對句不一定要以名詞結尾，比如下列標語就是以動詞結尾。

> **範例▶** 你要戒毒嗎？你要放棄當人嗎？

模式 4　「不要○○X　要○○Y」或「不要○○X　要△△X」

這些都是藉由前後有一樣的名詞或動詞配對而成。

> **範例 [17]▶** ● 不要盯著裸體，要就自己裸露！
> ● 不要握壽司，要把握喜悅。
> ● 事件不是發生在會議室，而是發生在現場。

第 1 個範例是在 1975 年備受矚目的 PARCO 廣告文案。

第 2 個例子是人氣壽司連鎖店的徵人廣告文案，這句廣告台詞似乎也可以運用在其他業界。

第 3 個則是電影《跳躍大搜查線 THE MOVIE》的青島刑警所說的名言，雖然不是命令形，卻可說是這個模式的變化形。

模式 5　其他

還有一些不包含在上述介紹中的對句。下列廣告文案大家應該都不陌生。

範例▶｜NO MUSIC NO LIFE

這是淘兒唱片的宣傳口號。原是模仿英文諺語「NO PAIN, NO GAIN」（沒有痛苦就沒有收穫）而來，現在儼然已不僅是企業的宣傳口號，成為一般常見說法了。

範例▶｜愛之雪，戀轉白

這是 1999 年，一倉宏先生為了 JR 東日本的滑雪活動所寫的宣傳口號。其中帶有雙關意涵。

如果要使用這項技巧撰寫企畫或提案書，**模式 4** 應該最為適合。比如向書店建議創新的銷售方式，或許可這樣設計標題：

普通▶｜提升書架魅力專案

⬇

改善▶｜不要光賣書，要賣就賣故事！

看到「**改善**」的標題，對方應該會對接下來的報告內容感興趣吧！

1 編注：台灣的著名案例如：「快快樂樂出門，平平安安回家」、「不在乎天長地久，只在乎曾經擁有（鐵達時手錶）」、「肝若好，人生是彩色的；肝若不好，人生是黑白的（許榮助藥品）」。

2 *L'ottimismo*（Francesco Alberoni 著），日文名『他人をほめる人、けなす人』（大久保昭男譯／草思社），1997 年登上日本暢銷榜。

3 *Why men don't listen & Women can't read maps*（Allan Pease、Barbara Pease 著），日文名『話を聞かない男、地図が読めない女』（藤井留美譯／主婦之友社），中譯本《為什麼男人不聽，女人不看地圖？》由平安文化出版，2000 年登上日本暢銷榜。

4 *Rich Dad, Poor Dad*（Robert T. Kiyosaki、Sharon Lechter 著），日文名『金持ち父さん貧乏父さん』（白根美保子譯／筑摩書房），中譯本由高寶出版，2001 年登上日本暢銷榜。

5 *Why Men Lie and Women Cry*（Allan Pease、Barbara Pease 著），日文名『嘘つき男と泣き虫女』（藤井留美翻譯／主婦之友社），中譯本《為什麼男人愛説謊，女人愛哭？》由平安文化出版，2003 年登上日本暢銷榜。

6 日文名『頭のいい人、悪い人の話し方』（樋口裕一著／PHP 研究所），2006 年登上日本暢銷榜。

7 出自：《AREA》（2010 年 03 月 22 日號／朝日新聞出版）。

8 出自：《President》（2010 年 03 月 15 號／ PRESIDENT Inc）。

9 出自：《edu》（2010 年 05 月號／小學館）。

10 編注：台灣的著名案例如：「萬事皆可達，唯有情無價（萬事達信用卡）」。

11 出自：《VERY》（2010 年 01 月號／光文社）。

12 出自：《STORY》（2010 年 01 月號／光文社）。

13 出自：《THE21》（2009 年 10 月號／ PHP 研究所）。

14 出自：《THE21》（2010 年 05 月號／ PHP 研究所）。

15 出自：《THE21》（2009 年 09 月號／ PHP 研究所）。

16 出自：《AERA》（2010 年 03 月 29 號／朝日新聞出版）。

17 編注：台灣類似的著名案例如：「多喝水沒事，沒事多喝水（味丹礦泉水）」、「開車不喝酒，喝酒不開車」。

排列相同語句

這個方法與技巧 33 提及的「重視語句的節奏」類似。使用多次「一模一樣的句子」或是「意思相同的字句」就能戳中對方的要害。

就算只是排列數個相同語句，也能成為強大的力量[1]。

範例▶ | 這不是肯德基！這不是肯德基！

雖然這個例子因為廣告中的情境、角色誇張反應的演出，而增強了不少效果，但也可見重複排列相同語句強化印象的威力。

接下來請參考下列起司賣場的 POP。

普通▶ | 起司有很多種類

改善▶ | 起司、起司、起司！

各位會不會覺得，雖然只是將相同語句重複三次，卻會讓人感受到強烈氣勢，在腦中浮現許多起司排排站的景象嗎？

另外，也可以同時使用這種手法，並「改變句型和重複句尾」。那麼就來看看起司賣場的 POP 例子。

普通▶	起司，請務必試吃一次。
	⬇
範例▶	吃起司、吃吃看、快來吃！

最後的命令句型，或許會讓顧客感到有些不禮貌，不過因為富有魄力，反而會讓大家產生「吃一點看看也無妨」的心情。

此外，透過不同表現方式，重複呈現相同意義的詞彙，也能加強要傳達的訊息。

普通▶	這個起司很美味
	⬇
範例▶	這個起司很美味、好吃、delicious！

從這個案例可以發現，重複語句或相同意義的詞彙時，只要重複三次就會變得較為順口。

如果沒有特別想要宣傳的重點或故事，記得只要將「相同句子」跟「同樣意義的詞彙」並列即可。只不過，因為這是要以氣勢逼人，所以在工作場合不太適用。

---

1 編注：台灣著名案例如：「這不是肯德基！這不是肯德基！」。

重複字詞以加強語氣

依照某種模式重複相同的字詞，詞彙的意義就會變得更複雜，而使得其中蘊含的力道隨之增加。

與對句相同，「重複同樣字眼」在修辭學上並沒有明確的分類，本書依照幾種特定模式將之分為四大類，讓我們依序看下去。

模式1 「××是××」

用「是」來連接相同詞彙，便能達到強調意思的目的。

> **範例▶** • 正義是正義
> • 女人是女人

也可以用「就是」或「也是」來連結。

> **範例▶** • 正義就是正義
> • 正義也是正義

各位會發現，上述幾個情況的語感出現了些微的差異。當要連接的是形容詞時，可以有這種變化與效果：

範例▶
- 好的東西就是好
- 好吃的東西就是好吃

當動詞用「……的時候」連接時，也能加強其意思。

範例▶
- 該做的時候就做
- 該吃的時候就吃

上述這些重點和技巧，加上「果然」一詞之後，能更加強化意思。

範例▶
- 正義果然是正義
- 女人果然是女人
- 好東西果然就是好
- 好吃的東西果然就是好吃

下列案例就是由系井重里先生，在 1989 年為西武百貨所撰寫的廣告文案，就是使用重複相同字眼的手法。

範例▶ 我有想要的東西，好想要！

模式 2 「不過是 ××，就只是 ××」

以「不過是」、「就只是」連接相同詞彙，便能加深該詞彙的意義，使其深奧許多。

範例▶	• 不過是棒球，就只是棒球
	• 不過是將棋，就只是將棋
	• 不過是 HipHop，就只是 HipHop
	• 只不過是俳句，就只是俳句
	• 不過是廣告文案，就只是廣告文案

不可思議的是，這種話由該領域的專業人士口中說出，更能突顯其重量與感受。

模式 3 「因為 ×× 所以 ××」

這個模式採取的是重複因果的手法。

範例▶	• 因為喜歡所以喜歡
	• 因為輸了所以輸了
	• 因為可恨所以可恨

有時面對他人詢問原因理由之際，就算只是單純回應一句話，只要用這種方式，便能加強訊息的力道與深度。

模式 4 「沒有 ×× 就是 ××」

對於這個模式究竟算不算重複相同詞彙，其實還有些模糊的地方。不過，從這個角度切入也是一種方法。

範例▶	• 沒有優點就是優點
	• 沒有意義才有意義

上述兩句再加上「反而」一詞，就能再次強調意義。

範例▶ ｜ • 沒有優點反而就是優點
        • 沒有意義反而才有意義

這種類型通常會被歸類為「衝突」。

在工作場合，當別人要求給予評論時，「重複字詞」是相當好用的技巧。此外，在開會或進行簡報時，這也可以用來反駁對方的意見。

假設有人對各位的企畫提出質疑：「這應該沒有意義吧？」與其像「**普通**」一般提出過於情緒化的反駁，讓事情陷入泥沼，最好能像「**改善**」一般，沉著冷靜地提出反駁。（當然，若能用明確的邏輯反駁，就再好不過了。）

普通▶ ｜「這個當然有他的意義！」

改善▶ ｜「請各位了解，這個企畫正是『沒有意義才有意義』。」

相反詞配對

將意義相反的詞彙組合在一起,除了能帶出各自的意思之外,也可以讓讀者感受到更深刻的意義。這可說是技巧37 提及的「對句與對比」的縮短形式。

只要將兩個相反詞用「與」組合在一起,就可以打造出意涵深奧的字句。這項手法較常運用在文學作品的題目。

範例▶
- 《紅與黑》[1]
- 《罪與罰》[2]
- 《戰爭與和平》[3]
- 《美女與野獸》[4]
- 《點與線》[5]

日本著名的泡麵也是採用這種手法命名。雖然只是將相反詞配對,但卻非常好記,是個不錯的命名方式,也很常用於推出系列商品。下列將舉出這類案例。

範例▶
- 紅狐狸麵(烏龍麵)　綠貍貓麵(蕎麥麵)
- 紅色 CAPE　綠色 CAPE(頭髮噴劑)
- 金色澡池　銀色澡池(入浴劑)
- 黑色咖哩　紅色咖哩(即食咖哩)

此外,也可以將相反詞用「是」、「就是」連接為短句,然後以對句形式呈現。以下是莎士比亞《馬克白》中的一段話。

> **範例▶** 美就是醜，醜就是美

在後面那句加上「正是」一詞，便能更加強化語氣。

> **範例▶** 真實是謊言，謊言正是真實

各位應該已經發現，只要將相反詞配對，以對句的形式呈現，就能讓讀者感受句子中的深遠含義。

這項技巧與技巧 39 的「重複字詞」相同，都可以用在工作上，面對他人要求評論之時，或在會議、簡報時，用於反駁對方的意見。

1　*Le Rouge et le Noir*（Stendhal〔司湯達〕著），日文名『赤と黒』（桑原武夫、生島遼一譯／岩波書店）。

2　*Crime and Punishment*（Fjodor Dostojevskij〔杜斯妥也夫斯基〕著），日文名『罪と罰』（江川卓譯／岩波書店）。

3　*War and Peace*（Tolstoy〔托爾斯泰〕著），日文名『戦争と平和』（藤沼貴譯／岩波書店）。

4　*Beauty And The Beast*（Jeanne-Marie Leprince de Beaumont 著），日文名『美女と野獣』（鈴木豐譯／角川書店）。

5　日文名『点と線』（松本清張著／新潮社），中譯本由獨步文化出版。

技巧 41 [刻意說反話]

> 所謂的「反話」，就是一種「刻意提出與想要傳達的資訊意思相反」的提問方式。透過反話便能提升文案的力道。

市面上許多書籍都因使用反話而成功加強表達的力量[1]。

範例▶
- 信長並不是天才 ➡ 《信長真的是天才嗎？》[2]
- 投資銀行尚未結束 ➡ 《投資銀行已經不行了？》[3]
- 並非暗中商量就是壞事 ➡ 《暗中商量真的是壞事嗎？》[4]

從上述案例可以看出，想要表達有別於一般常識，或是相反意見時，說反話就會有不錯的效果[5]。

在企畫書或提案書中亦然，如要提出有別於一般常識的內容時，就可以使用說反話的方式呈現標題。

---

1 編注：台灣案例如：「西方國家強盛的理由→《西方憑什麼》（伊安·摩里士著，雅言文化出版）」。
2 日文名『信長は本当に天才だったのか？』（工藤健策著／河出書房新社）。
3 日文名『投資銀行は本当に死んだのか』（尾崎弘之著／日本經濟新聞出版社）。
4 日文名『談合は本当に悪いのか』（山崎裕司著／寶島社）。
5 編注：台灣也有些暢銷書書名是從反面角度切入，先抓住讀者的注意力，再帶出其中的正面意涵，如：《哥教的不是歷史，是人性：呂捷親授，如何做一隻成功的魯蛇》（呂捷著，圓神出版）、《不夠好也可以》（鄧惠文著，三采出版）、《每天來點負能量》（鍵人〔林育聖〕著，時報出版）等。

技巧
42

反覆×命令

> 將命令句重複幾次，就能讓句子變得強而有力。

第一個案例是出自漫畫的名言。

範例▶ 站起來吧，小拳王 ➡ 站起來啊，站起來啊，小拳王

此句出自《小拳王》[1]，是訓練師丹下段平對比賽中倒下的主角矢吹丈大聲喊話的台詞。如果是採取「**普通**」的說法，僅僅一次的呼喊是無法讓人留下如此深刻的印象。所以，如果想要提升廣告文案的氣勢，這是一個相當有效的技巧。

讓我們以公司內部海報標語為例，一起思考看看。

普通▶ 業績增加 10%
⬇
改善▶ 賣出去吧，非賣掉不可！達成吧，非達成不可，業績增加 10%！

雖然內容相同，但「**改善**」看起來就比較有氣勢，也會令人產生無論如何都要達成目標的意志。

---

1 日文名『あしたのジョー』（直譯為：明日之丈／梶原一騎原作／千葉徹彌繪／講談社），中譯本《好小子》由東立出版（又譯為《小拳王》）。

從「矛盾」著手

乍看之下有違常理，仔細想想卻發現「確實如此」，能讓人有這種感覺的道理，就稱為「悖論」，也就是「看似矛盾卻有些道理」的意思。如果想要寫出引人入勝的文案，設計乍看「矛盾」的悖論是相當有效的手法。

使用矛盾手法的諺語相當多。例如，「欲速則不達」、「吃虧就是占便宜」、「輸就是贏」等，這些都會讓人不禁認同「乍看之下有違常理，實際上好像真的如此」[1]。

建議大家在思考企畫標題時，不妨運用這個「矛盾」的手法，或許就能找到過去從未想過的切入點。接下來以教養雜誌的標題為例。

在上面例子中，若兩者都維持「**普通**」的說法，就會淪為平凡無奇的企畫標題，相對地，選擇「**改善**」的說法就能推出一個切入點似曾相似，卻讓人耳目一新的專刊。

那麼，我們就來以「刻意矛盾」的方式，思考要向顧客提案的標題命名吧！假設各位是企業經營顧問，現在要對長年合作的顧客提出「改善營業形態」的企畫。

普通▶	改善生意形態
改善▶	不做生意，卻能創造生意

各位會不會覺得「改善」比較能引起顧客進一步窺探內容的欲望？這就是因為透過創造矛盾的手法，成功引起了接收方的興趣。接著再來想想看衝突意味更強烈的標題吧！

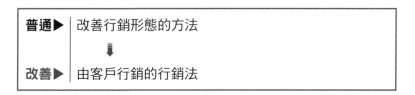

普通▶	改善行銷形態的方法
改善▶	由客戶行銷的行銷法

這樣絕對會引起更多人窺探內容的興趣吧？但無論如何，只要內容豐富度無法與標題吸睛度成正比，必然會引起反效果。

思考能引起對方興趣的標題，並從中反過來設想充實的內容，就能以新的切入點想出嶄新的企畫。

1　編注：台灣著名案例如《慢慢來，比較快》（九把刀著，春天出版）。

技巧 44　[誇大×娛樂性]

一味誇大會有過度表現而惹人厭的疑慮，反而讓接收方豎起心防，更無法留下良好印象。不過，當「誇大」帶有娛樂效果時，就能成為令人印象深刻的文案[1]。

下列範例是 2008 年熱銷近 200 萬冊的超級暢銷書《夢象成真》[2] 的書腰文案。

普通▶	你這樣下去的話，100% 無法成功啊！
範例▶	你啊，這樣下去 2000% 成功不了啊！

「**普通**」的例子是常見的否定形式，而「**範例**」則是透過「2000%」的誇張表現，讓文案本身產生娛樂性，同時也突顯了書中人物的獨特性格。下一個案例也是透過誇大的表現，令人留下深刻的印象。

普通▶	美女議員
範例▶	美過頭議員

「○○過頭」的誇張表達方式是自 2007 年開始流行，之所以風靡全日本完全是因為當時青森縣八戶市的議員，藤川優里小姐的美貌在「CH2」（類似台灣的 PTT 論壇）受到討論，有人提出「美過頭的議員」一詞，而成為廣告文案。

　　如果當初使用的是不足為奇的**「普通」**，可能就不會如此出名了。正因為「美過頭」的形容過度誇大，才帶出娛樂性質。

　　到了 2010 年，「○○過頭」的形容方式依舊隨處可見。前些日子，我也在某間麵包店看到寫著「好吃過頭的奶油麵包」的標語。看到這種敘述，就會忍不住想購買：「想要吃吃看，究竟有多好吃？」

　　不過，有一件事請務必特別注意。如果商品確實「好吃過頭」就沒什麼關係，但如果沒有好吃到一定程度，就會讓買方感到強烈失望，甚至產生「我再也不買了」的想法。短期來看，或許會因此增加客源，可是從長期來看，卻可能造成負面影響。

　　若要在工作上運用這般誇大的表達方式，就必須讓接收方確實了解，「這並不是認真的」。如果沒有明確表達，這只是為了娛樂效果才誇大呈現，就會被認為是在說大話。因此，若隨便濫用這項技巧，將會產生風險。

1　編注：台灣著名案例如：京都念慈庵的廣告（孟姜女靠潤喉糖哭倒長城），即十分具有娛樂性而讓觀眾過目難忘。

2　日文名『夢をかなえるゾウ』（水野敬也著／飛鳥新社），中譯本由時報出版。

技巧 45 [用方言改變語感]

在文案上使用方言，就會讓人產生親切感[1]。

請試著回想一下技巧 44 中提到的《夢象成真》的書腰文案。該文案之所以令人印象深刻，除了誇大的表達方式之外，還有以關西腔表達的緣故。因此，即使是相同的文案，只要加上地區方言，就會大大改變帶給他人的感覺。

首先，請看看 2009 年在日本的眾議院選舉中，提名茨城選區的民主黨新人議員的廣告文案。如下列「**範例**」，這位候選人在文案中加入茨城方言，因此成功打敗現任大咖議員而當選。

普通▶	現在正是（該讓茨城）改變的時候
	⬇
範例▶	現在，（茨城）該改變了（いっぺん、変えっぺよ）

2004 年轟動一時的電影《搖擺女孩》，描述東北地區的女高中生，迷上爵士樂大樂團的故事。該電影的宣傳文案也有使用方言，因而讓人留下深刻印象。

普通▶	來玩爵士吧！（ジャズ、やろう！）
	⬇
範例▶	就來搞爵士吧！（ジャズ、やるべ！）

因為 2010 年 NHK 大河劇《龍馬傳》的影響，時常會看到（假裝？）土佐方言的 POP。下一個就是在錄影帶出租店看到的例子。

普通▶ 這是必看的（これは必見です）

⬇

範例▶ 這是必看滴唷！（これは必見ぜよ！）

「**普通**」是常見的文案例子，而「必看滴唷！」卻因為使用方言，讓人留下深刻的印象。這方面，假設自己是一間公司的經營者，主要負責銷售日本全國各地生產的商品，比如販售日本全國的清酒或燒酒的酒精飲料店，應該比較能夠想像。

不妨試著將地區方言加入廣告文案，如此一來，相較於普通的文案，就會顯得較為親切生動，給顧客的感受也會隨之不同。使用方言與官方語言的最大差別，就在於能夠傳達更為細膩的語感。

1　編注：此外，使用次文化的語言，如口語用法，甚至是網路流行用語，也會有讓特定族群（次文化團體）備感親切的類似功能，因此使用時機與產品性質和目標客群有關。如技巧 44 編注中提及的京都念慈庵廣告，也運用了「天然ㄟ尚好」等方言，即可和熟悉方言的觀眾拉近距離。其他著名案例如：「揪甘心（全國電子）」、「有青，才敢大聲（台灣啤酒）」。
網路流行用語的著名案例則如：「殺很大（線上遊戲《殺 Online》）」、「魯蛇」（loser〔失敗者〕的諧音）等詞彙。前者為 2009 年紅極一時的線上遊戲廣告，甚至引起以「〇很大」創造新詞彙的用法，後者則出自網路論壇 PTT，後來逐漸受到廣泛使用，如《哥教的不是歷史，是人性：呂捷親授，如何做一隻成功的魯蛇》即運用此詞彙。

有力的文案足以改變歷史

不知道各位是否有聽過下列口號？例如：「節制欲望，直至戰勝」、「前進，一億顆火球」、「增產報國」以及「鬼畜美英」等。這些都是日本政府在第二次世界大戰期間，為了提升國民戰鬥意志而宣布的口號。

大正民主時代（西元 1912 年～ 1926 年），整個日本充滿民主主義和自由主義的氣息，到了 1935 年軍隊的力量急速增強，政府也開始對情資媒體進行控管。在這種時代背景之下，「戰時標語」因而誕生。

起初，由於中日戰爭陷入長期抗戰，使得物資嚴重不足，因此許多標語的出發點，都是希望能夠改善國民的生活。這段期間，在人來人往的東京街道，設有一千五百個寫著「奢侈是敵人」口號的看板。在這之後，不僅是中央政府，就連地方政府、媒體、企業等機構組織，也開始為了控制國民的生活、思想活動，以及提升戰鬥意志，而公開招募標語，並積極發布。

多數標語的特徵都是以七言或五言的格律呈現，且十分琅琅上口。也因如此，幾乎所有日本國民都被這些單純的標語所洗腦，認為「這是正確的戰爭」，努力忍受艱辛的生活，深信日本會贏得勝利。

語言（文案）有時擁有足以改寫歷史的力量。本書是站在寫者（傳遞方）的立場，若各位是讀者（接收方），千萬要小心不要受到洗腦。

第 **5** 章

鍛鍊「譬喻力」

［明喻］

> 譬喻有許多種分類方式,各位只需要記得「明喻」和「暗喻」兩種即可。
>
> 簡單說,「明喻」就是讓人清楚知道,這是在運用譬喻法。具體來說,就是會出現「像是○○」、「如同○○」,或是「彷彿○○一般」等字句。(不過,從廣告文案的角度來說,並不需要縝密探討「明喻」與「暗喻」的區別。)

首先,直接透過例子來看看效果如何。聖塔克拉拉大學的麥格理與菲利浦,就運用「洗碗精」來測試「使用譬喻的文案」和「未使用譬喻的文案」,哪一種能夠得到較好的成效。

普通▶	這瓶洗潔劑,能將頑固的髒污洗得乾乾淨淨!
範例▶	這瓶洗潔劑,就像推土機一般,能將頑固的髒污洗得乾乾淨淨。

經過測試發現,像「**範例**」一樣使用譬喻的手法,會讓較多人表示「想用用看」。也就是說,透過譬喻法,能成功讓人留下深刻的印象。

接下來是活躍於 1960 年代的傳奇拳手穆罕默德・阿里的宣傳文案。

普通▶	踩著輕盈的腳步，快速出拳
	⬇
範例▶	（出拳）如蝴蝶般飛舞，如蜜蜂般螫人

因為使用譬喻法，成功表現出阿里獨特的卡位技巧（同時也運用了技巧 37 的對句）。

若是「**普通**」的說法，就適用於所有拳擊手，但「如蝴蝶般飛舞，如蜜蜂般螫人」則是阿里獨有的文案。

由此可見，使用譬喻就能讓人透過感覺理解文字，記憶更加深刻。

各位是否曾經聽完演講，想不起內容，卻記得講者舉的譬喻例子或打得比方呢？

通常口才好的人，往往也很會使用譬喻或是比方。遇到需要發言的場合，若能善用譬喻或比方來回答，就能提高說服力。

棒球界的野村克也先生，及足球界的伊維卡奧西姆先生都相當善於譬喻。這兩位球星的發言時常被媒體大肆報導，就是因為他們經常使用巧妙的譬喻。他們的語錄得以結集出版，「譬喻能力」絕對是主要原因之一。

那麼，就來實際看看他們如何運用譬喻表達吧！

> **範例▶** | 若王貞治與長嶋茂雄像是太陽底下盛開的太陽花，那麼我就像是在傍晚默默綻放的月見草。

這句話出自野村先生在役時期，擊出史上第二位第 600 支全壘打之際。即使已過了 30 餘年，「月見草」譬喻的影響力還是很大，至今仍是野村先生的代名詞。（順帶一提，據說野村先生認為，當時只有中央聯盟的選手才有機會被報導，如果不說出任何令人印象深刻的發言，就沒辦法登上新聞版面。因此，他為了這個譬喻構思長達一個多月。）

下一個則是伊維卡‧奧西姆在比賽後的發言。

> **範例▶** | 總教練的角色，就是必須經常找尋不足之處；而我就像掃把一般，必須隨時清理灰塵。

將總教練譬喻為掃把，讓人能夠明確想到其職責，令人留下深刻的印象。

若各位在會議等場合受邀發言時，不妨使用譬喻法或是打比方來回答。

例如，總經理在會議中不斷回憶過去的輝煌事蹟，就可以用足球譬喻：「那不就像是傳說中的馬拉度納，一人帶球繞過五個人嗎？」如此一來，便能讓總經理感到心情愉悅，又可統整話題，達到將故事告一段落的效果。

再者，假設各位擔任會議主席，必須統整大家的意見，但意見卻寥寥無幾時，不妨試著用料理譬喻：「我們已經有很好的食材和料理方式，就差各位像香料般能夠提味的意見了。」

不過，如果譬喻過於冷門專業，會讓他人無法理解。所以，請盡量採用眾所皆知的事物來譬喻吧！

［ 暗喻 ］

> 「暗喻」是譬喻修辭中的代表性用法。一般而言，不讓人清楚知道這是一種比喻方式，就是「暗喻」。暗喻可用於廣告文案、標題等所有地方。跟明喻相比，暗喻傳達訊息的速度更快，更容易引起讀者的注意，也較能夠刺進對方的心坎。雖說如此，也可能發生他人無法理解譬喻的意義，或是沒發現該文句是譬喻的後果。

小說家村上春樹在 2009 年榮獲耶路撒冷獎時，曾以「牆壁」與「蛋」為暗喻發表感言，引起很大的話題。

「如果這裡有高大堅固的牆，有撞牆即破的蛋，我常會站在蛋這一邊。」他更在發表感言後，說明牆壁是暗喻「炸彈、戰車、火箭和白磷彈」，而蛋則是暗喻「被擊潰、燒焦、射殺的非武裝市民」。

如果村上春樹未使用暗喻修辭，應該不會受到這般矚目。正因為使用暗喻成功突顯其形象，才給予聽眾深刻的印象（但也無可避免的，造成一些聽眾對牆壁有不同解釋的反效果）。

日本知名文案人真木準先生，正是一位暗喻達人。下列案例都是他為全日本空輸航空公司宣傳沖繩所作的廣告詞。

> **範例▶**
> - 成為吐司美女
> - 白手起家，成為密克羅尼西亞黑人
> - 完全變身為高氣壓女孩！
> - 男士禮服　身形風潮
> - 把白色印記帶回家

上述文案想表達的事情只有一個，就是「前往沖繩，曬黑」。在 7 年之間，真木準先生不斷創新暗喻表達方式，持續讓社會大眾感到驚艷。光是看到文字，就能讓觀眾的腦海中浮現在沙灘上曬黑享受度假的情景。

不過，如此優秀的暗喻，並不是隨便就能想得到。那麼，平時該如何練習，才能鍛鍊出相當的譬喻能力呢？首先，請務必精通最基本的模式。

請試著以「人生」一詞展開思考，想想看人生可以譬喻為何種事物。

> **範例▶**
> - 人生（像）是登山
> - 人生（像）是踢足球
> - 人生（像）是一場旅行
> - 人生（像）是一本小說

此時必須留意，要先想出「○○是△△」的「△△」（修辭學中稱為「喻依」）為何。接下來，再找出本體的「○○」和「△△」的共通點。

若將人生比喻為登山，會有什麼共通點？請參考下列例子。

範例▶
- 有上坡有下坡，起起伏伏
- 沒有地圖就會很擔心
- 以為爬到了山頂，卻不見得
- 行李越輕越好，可是什麼都沒有也會感到擔心
- 前往山頂的路線，不只有一條
- 疏忽大意，就可能遭遇山難
- 越靠近山頂，景色越遼闊壯麗

這些就是將人生比喻為登山的暗喻技巧，其他題目也可依此步驟找尋共通點。持續如此自我訓練，一旦需要用到之時，就會發現自己已經擅長使用暗喻了。

在企畫或提案書上使用暗喻修辭，若能再稍微誇飾地以宣言形式表達，語句就會變得相當強而有力。

在此不妨參考美食主播彥摩呂先生常使用的暗喻。下列舉出幾個例子。

普通▶	真是非常美麗的海鮮丼！
	⬇
範例▶	這個海鮮丼是海洋的寶箱啊～

普通▶	湯頭裡有多種食材，看起來真好吃
	⬇
範例▶	這個關東煮真是健康食材的樂園呢～

普通▶	豚骨湯和魚湯混合得恰到好處
	⬇
範例▶	這湯頭根本就是先上車後補票啊～

各位應該可以看出，「**普通**」無法令人印象深刻，而「**範例**」雖然稍嫌牽強，但卻因為運用了暗喻技巧，所以能確實突破接收方的心防。

現在，假設各位需要以「商品開發」為題演講，請思考該如何擬定標題。

普通▶	關於商品開發的規畫
	⬇
改善▶	商品開發是衝浪！ ～請抓住時代潮流，開發火紅商品～

各位是否也覺得「**改善**」較能引起興趣呢？這裡的喻依「衝浪」可與各位覺得較符合的語詞替換，例如改為「攀岩」、「鐵人三項」、「升學考試」或是「家庭料理」等。若能像這樣使用暗喻，要創造出令人難以忘懷的文案就更容易了。

擬人化

擬人化是種「將物品或動植物比喻為人」的修辭方式，大致可分為兩種，一種是以第三人稱來描述「物品或動植物會做出人類的動作」，第二種則是「以第一人稱來表達物品或動植物的心情」。

一般常見的擬人化，大多為運用第三人稱的方式。以下是吸引顧客光顧書店的廣告文案。

普通▶	邀請各位在○○書店找到好書
改善▶	○○書店期望與各位來場美好的邂逅 大量書籍正在靜靜等待

「**改善**」是使用第三人稱擬人化的文案。「**普通**」則是過於一般，無法讓人留下印象的文案，但藉由擬人化之後，應該就能加深人們的記憶。

可是，若要做到感動人心的話，還差一小步。由於「靜靜等待」一詞已常用在物品之上，所以不會讓人感到特別突出。若能選一個較少被聯想在一起的動詞，就能讓句子令人印象深刻。

普通▶	邀請各位在○○書店找到好書
範例▶	書本微笑，書本哭泣，書本唱起歌來 ○○書店今天也很熱鬧 想不想和他們一同玩耍呢？

先不談文案的優劣程度，至少「**範例**」會引起讀者的興趣，讓人「想知道究竟是什麼」。

說得嚴苛一點，「**普通**」的文案有寫跟沒寫簡直沒兩樣。如果真心想要寫出令人印象深刻的文案，就必須做好「稍微凸槌也無妨」的心理準備，想出有特色的句子。

另一種擬人法則是以第一人稱為主，常用在「讓商品自己說話」的廣告手法。2006 年，日本綜合入口網站暨搜尋引擎「goo」，在車站等多處看板進行大肆宣傳，就是使用第一人稱的擬人化修辭法。

普通▶	大家知道搜尋引擎 goo 嗎？
範例▶	大家好，我們是 Yahoo 的競爭對手 goo！

即便說明的內容相同，但讓商品或服務自己說話，就能呈現具幽默感的表達方式。此外，透過擬人化的方式，更能達到讓閱聽者情感代入的效果。

擬人化的技巧特別適用於店面 POP 等，有實際商品陳列之時，尤其能發揮效果。

此外，在為產品命名之際，擬人化也能發揮威力。將商品或服務擬人化，彷彿就能賦予該物品生命一樣，成為活生生的角色。像是在商品名稱後面加上「先生」、「小姐」等稱呼，就會給人相當不同的感受。

微笑

哭泣

唱起歌來

技巧
49 [擬物法]

所謂的擬物法，就是「將人類（的動作或模樣）比喻為物品或動物」的手法。

有些人想要克服在眾人面前講話會緊張的障礙，可能常聽到別人給予「把觀眾看成南瓜」的建議，這種「把人當作南瓜」就是「擬物法」。

假設各位在學校工作，希望學生父親能對教學相關活動給予協助，可以像下列案例一樣思考看看，該如何寫宣傳文案才有助於達到目的。

普通▶ 放假的爸爸，請務必給予協助！
　　　　↓
改善▶ 放假的爸爸！請從「大型垃圾」晉升為「珍貴資源」吧！

「**普通**」的說法實在太過普通，很難不遭到忽略。「**改善**」則使用了擬物法，學生的父親看到時應該會嚇一跳：「別人竟然是這樣看待我！」進而更仔細閱讀。

下一個案例是從 2009 年開始播放的染髮劑廣告，由於最後的旁白採用了擬物法而備受討論。

看到這個句子，有些人會認為「好棒的比喻」，也有人會覺得「好肉麻、有事嗎」，這將視接收方的感性而定。不過，像是染髮劑這種按照普通方式宣傳，就難以令人記住的商品，上述案例算是相當有衝擊性的譬喻。

說到「擅長擬物法的名人」，莫過於主播古館伊知郎先生。雖然現在他以活躍於新聞頻道為人所知，但他在報導運動轉播或主持歌唱節目時所使用的擬物修辭，大多令人印象深刻。

例如，他形容F1賽車手麥可·舒馬克是「臉部三浦半島」、「臉部科隆主教座堂」以及「F1暴龍」等；抑或是用「水中四輪驅動車」、「不會沉沒的鐵達尼號」等稱呼來形容澳大利亞游泳選手伊恩·索普；此外，更是幫威力高強、為日本出賽的拳擊運動員鮑伯·薩普，撰寫了廣告詞：「這樣的身體理當禁止進口，因為會違反《華盛頓海軍條約》[1]！」

上述文案可能有些失禮或不符邏輯，不過可以確定的是，絕對能讓接收方難以忘懷。

這個技巧在日常工作上或許難以運用，但若想不到更好的文句，不妨使用擬人或擬物法，就有機會寫出耐人尋味的文案。

1　編注：《華盛頓海軍條約》是於 1922 年簽訂，主要規定：美、英、日、法、義五國海軍主力艦總噸之比為 5：5：3：1.75：1.75。效期到 1936 年底為止。資料來源：維基百科。

技巧 50 [換句話說]

> 用不同語句替換慣用的表達方式，能更加刺進心坎。

　　世界各地的劇作家都在找尋能夠代替「I Love You」（我愛你）的語句。這種傾向在日本連續劇中更為顯著。如果劇中人物輕易地直接說出「我愛你」或「我喜歡你」，這齣連續劇就會變得極度廉價。

　　二葉亭四迷先生不僅是日本近代小說家先驅，也是俄國文學翻譯家，更因將「I Love You」翻譯成跨時代語句而家喻戶曉。在俄國文豪屠格涅夫的小說〈單戀〉（原名：*Ася*，即「阿霞」）[1] 中，有一個場景是主角阿霞帶著必死的決心，向愛慕之人嘀咕了一句「Я люблю Вас」（俄語的「I Love You」），四迷先生將之翻譯為日文的「我死了也無妨」。「我愛你」與「我死了也無妨」，究竟哪一句比較能夠觸動人心，應該一目瞭然吧！

　　據說，夏目漱石在擔任英語教師時，也曾在課堂上對於將「I Love You」譯成「我愛你」的學生說：「日文中沒有這句話，要也得翻成『月色真是美麗』。這樣日本人就能理解一切。」

　　如果是你，會用哪句話來替代「I Love You」呢？

---

1 出自：『あひゞき、片恋、奇遇　他一篇』（直譯為：幽會、單戀、奇遇與其他一篇／二葉亭四迷譯／岩波書店）。

用五感來表現

這點與技巧 50 有些類似。即使要表達同一種情感，知道越多詞彙，表達方式就會更加豐富。尤其像是「好吃」這種出現頻率相當高的詞句，越該善用五感來形容，才能將情感完整傳達。

許多人都曾聽過，品酒師會用「像是森林深處的樹下雜草一般」或是「像是滿身溼透的小狗一般」等形容詞來描述酒香。不光是嘗起來的味道，更要動員五感，將香氣、口感、外觀，甚至是聲音都表現出來。

在此提供幾種形容紅酒時常用的詞彙。

範例▶	• 味道	清爽／濃郁／纖細／刺激／柔順／肥美／活潑／如絲綢般／強勁／銷魂／頹廢／帶有果香味／辛辣
	• 香氣	清新／舒適／芳醇／挑逗／植物型香味／如榛果般／柑橘味
	• 口感	帶有嚼勁／平順／水潤／圓潤／如絲綢般
	• 聲音	似乎能聽到海浪聲／彷彿能聽見草原搖曳的風聲／恍若聽見潺潺溪水聲

上述詞彙不僅能形容葡萄酒，也適用於清酒、燒酒、威士

忌，以及雞尾酒等酒精飲料。此外，描述咖啡、紅茶或中國茶等飲品也很匹配，更可作為餐廳思考菜單或撰寫 POP 文案，用以表達美味的靈感。

如果有豐富的詞彙可以替換表達，就能將一般人認為是缺點的地方，形容為特色甚至是優點。以下舉出幾個例子可供參考。

範例▶	• **難吃** 味道奇妙／喜歡的人會無法抗拒／感受強烈／會上癮的味道／成熟的味道 • **差一點** 草率／年輕／具有潛能／期待未來發展／有個性／青澀 • **老舊** 富有傳統／有味道／懷舊／復古／有故事／想與人分享 • **嶄新** 清新／流行／新鮮／符合時代潮流／前所未有／最先進的 • **高貴** 一輩子的／在任何場合使用都不會丟臉／有價值／懂的人就知道／令人有自信／有光芒 • **便宜** 價格合理／精挑細選／有價值／划算／對錢包友善／有助於家計

如果能像上面一樣整理出詞彙表，經常用來替換不同描述方式，就能確實提升「廣告文案力」。

以「變化球」傳達訊息

運用類似譬喻的手法，描述一個具有象徵性或帶有寓意的故事，就稱為「託寓」。

相信大家應該不陌生「用小木樁困住大象」的故事，下面是該故事的大意。

「在馬戲團帳篷裡，有一頭大象只用了一條綁在小木樁上的繩子圈著。只要大象願意，那種小木樁輕輕鬆鬆就可以拔起逃脫，但大象卻沒有想要掙脫的舉動。這是因為，這頭大象從一出生還很幼小時就被綁在木樁上，嘗試過好多次都無法移動樁柱分毫。由於不論嘗試幾次都徒勞無功，所以大象終究放棄了。從那天起，大象就再也不曾試圖掙脫，以至於直到長大的現在都被能夠輕鬆拔起的木樁乖乖栓著。」

這類故事就稱為「託寓」。雖然內容說的是大象的故事，可有許多人會將此套用在自己或他人身上，然後延伸出「人類總會自我限制，認為自己做不到」的教訓。

除此之外，還有許多相當知名的經典託寓故事，例如：溫水煮青蛙、箱子裡的跳蚤，以及賣冰箱給愛斯基摩人等。伊索寓言也是託寓的代表之一。

第**6**章

儲蓄「名言」

技巧 52 [善用名言]

> 自古流傳下來的「名言」，擁有能夠撼動人心的強烈力量。善用名言的重點，就是必須直接引用「整句名言和說話之人」。

政治家的演講，時常會引用先人之名言。令我記憶猶新的，是當時的鳩島由紀夫首相舉行的施政方針演講，他引用了聖雄甘地的名言。雖然當時意見正反兩極，不過政治家之所以會引用偉人名言，都有其道理。

善用名言，接收方就會陷入錯覺，誤以為對方說了什麼了不起的話。就算並不是自己特別的想法，只是單純的引用，也會造成同樣的結果。這是因為名言本身就具有撼動人心的力量，而且人類又無法抗拒權威的結果。（後面的第 7 章中會詳細說明相關技巧。）

名言就是具有如此強大力量。請各位試著建立名言庫，而且內容越多越好，並將之消化為自己的語言，讓自己隨時隨地都能運用自如。以下舉出幾句實用的名言。

文學家的名言

範例▶
- 「對人類而言,人生就是其作品。」司馬遼太郎(作家)
- 「一張臉是神賜予的,另一張臉則是自己創造的。」莎士比亞(劇作家、詩人)
- 「最幸福的是,不需要特別領悟自己是幸福的。」威廉・薩洛揚(美國小說家)
- 「真正的聰明人,不是具有廣博知識的人,而是掌握有用知識的人。」埃斯・庫洛斯(希臘的劇作家)

政治家的名言

範例▶
- 「不得不成功。任何事之所以不成功,只在不為也。」上杉鷹山(米澤藩藩主)
- 「言語會在我們沒有察覺、最深層之處發揮作用。」約翰・麥克唐納(加拿大首位總理)
- 「你最容易騙到手的,是自己。」愛德華・布爾沃李頓(英國政治家)
- 「用三小時認真思考某件事,若認為自己的決定沒有錯,如此就算再多花三年思考,結論也不會改變。」富蘭克林・羅斯福(美國總統)
- 「人類在這些時候絕對會說謊:打獵後、戰爭時,以及選舉前夕。」奧托馮・俾斯麥(德國政治家)

中國古典名言

> **範例▶**
> - 「知人者智，自知者明。」老子
> - 「君子之交淡如水。」莊子
> - 「不義而富且貴，於我如浮雲。」孔子
> - 「不為也，非不能也。」孟子
> - 「信信信也，疑疑亦信也。」荀子
> - 「是故百戰百勝，非善之善者也。」孫子

　　除此之外，名言的數量不勝枚舉。如果各位能夠盡量背誦，適時運用在會議或進行簡報之際，身價絕對會水漲船高喔！

　　再者，在企畫或提案書的封面，引用能呼應內容的名言，也很有效。即使接收方對你不信任，也會相信權威人士的名言。

改寫諺語、格言及慣用語

> 　　除了直接引用諺語、格言或慣用語能獲得不錯的效果之外，將之加以改造利用也是一種方法。在江戶時期，日本曾經流行過一種名為「地口」的言語遊戲，簡單來說就是仿效諺語、格言、慣用語及名言的戲仿作品[1]。因此，如果以大眾耳熟能詳的原案為範本，便能寫出令人記憶深刻的文案。

　　廣告文案經常使用這種改編手法，讓我們直接看看案例[2]。

原文▶	不知梅花盛開沒，那櫻花的蹤跡呢
	⬇
範例▶	不知梅花盛開沒，那Ｙ・Ｍ・Ｏ的蹤跡呢

　　這是 1980 年代，YMO（黃種魔術交響樂團）在全盛時期的宣傳文案。「原文」的「不知梅花盛開沒，那櫻花的蹤跡呢」，出自江戶時代的都都逸（口語定型詩的一種）。或許有些人不知道這句文案的實際由來，不過可能多少有些印象。

　　就像迫不及待想要欣賞櫻花一般，此項手法確實將等不及想聽到 YMO 新曲的內心感受呈現出來。

　　下一個案例是透過戲仿作品，留下強烈印象的文案[3]。

原文▶	說傻話也要留點分寸（バカも休み休み言え！）
範例▶	說傻話耶要留點分寸（バカも休み休み yeah！[4]）

這是 1997 年的叫座英國電影《王牌大賤諜》（Austin Powers），在日本上映時的電影文案。為了呈現愚蠢的喜劇電影所營造的氣氛，而將慣用句「說傻話也要留點分寸」改造成俏皮話。

「地口」的手法也經常運用在書名或是連續劇的標題上[5]。

原文▶	花樣丸子（日式三色丸子）
範例▶	《花樣男子》[6]

原文▶	人世間沒有鬼
範例▶	《人世間都是鬼》（中譯：《冷暖人間》）

原文▶	生命苦短戀愛吧，少女
範例▶	《春宵苦短前進吧，少女》[7]

在接收方知道文案出處的情況下，與其使用相同意義的語句，倒不如利用調侃手法來命名作品，某些時候更能令人印象深刻。由於許多人自小接觸諺語、格言、慣用語等語句，因此即使改變部分語詞，依舊能夠清楚察覺箇中意義。改變用法，就能讓文案充滿力量。

除此之外，用想要宣傳的商品或服務名稱，取代諺語的一小部分，也能創造出有趣的文案。

　　接下來，試著把諺語、格言、慣用語套入本書主題「廣告文案力」，結合成書名試試吧！

範例▶	・ 未雨籌謀廣告文案力
	・ 說到爛的廣告文案力
	・ 別對牛談廣告文案力
	・ 火上再加廣告文案力
	・ 井底之廣告文案力，不知汪洋大海
	・ 現在嘲笑廣告文案力，將來會為廣告文案力而哭
	・ 廣告文案力啊，懷抱大志吧
	・ 感情再好也要重視廣告文案力
	・ 智者千慮必有廣告文案力之失

　　看到這些只是代入字詞替換的例子，各位認為有幾個能夠讓人實際在腦中浮現畫面，並運用在現實生活中？不妨將「產品賣點」帶入關鍵字，每天更換部落格的標題，會有不同的新奇效果。各位在思考標題時，請務必嘗試看看，這種將商品或服務名稱帶入其中的手法。

1　編注：戲仿指模仿改編他人作品，以達到詼諧、調侃或嘲諷等效果的作品。

2　編注：台灣案例如：「叫天天不應→叫天天不印 Canon 幫你印！」。

3　編注：台灣案例如：「You are so Beautiful！（你是如此美麗）→ You A.S.O Beautiful！（你「阿瘦」美麗）」。

4　譯注：日文「言え」與 yeah 的讀音類似。

5　編注：台灣案例如：「姍姍來遲→《杉杉來吃》」、「泛泛之交→《飯飯之交》」。

6　日文名『花より男子』（神山葉子著／集英社），中譯本由東立出版。

7　日文名『夜は短し歩けよ乙女』（森見登美彥著／角川書店），中譯本《春宵苦短，少女前進吧》漫畫由台灣角川出版，小說由麥田出版。

技巧 54　引用動漫名言

漫畫與動畫是名言聚集的寶庫。引用名言固然有其好處，不過最好還是當作參考，自己想出新的名言吧！

以下列舉幾句漫畫與動畫的名言。

範例▶
- 「你的東西就是我的，我的東西還是我的。」技安《哆啦A夢》[1]
- 「真不想承認自己過去年輕氣盛所犯下的過錯……」夏亞《機動戰士鋼彈》
- 「不要忘了喔，即使月亮看起來有所殘缺，實際上還是維持原狀高掛在那裡。」小八《NANA》[2]
- 「說到人生是為了什麼而活？那就是為了在這種時候，能夠緊握重要的人的手吧？」竹本《蜂蜜幸運草》[3]
- 「自由開心地彈奏鋼琴，究竟有什麼錯！？」野田惠《交響情人夢》[4]
- 「那麼，快樂的音樂時間要開始了。」休得列傑曼《交響情人夢》
- 「我死去的時候，希望能夠覺得自己曾經好好工作過。」松方弘子《工作狂人》[5]
- 「只要有一次迴避的經驗就會上癮。」上杉達也《TOUCH鄰家女孩》[6]
- 「為了尋找答案，就是要流汗。」瞳子教練《閃電十一人》

- 「要知道，籃球可不是數學啊！」流川楓《灌籃高手》[7]
- 「現在放棄的話，比賽就結束了。」安西教練《灌籃高手》
- 「我想和公司……談戀愛。」矢島金太郎《上班族金太郎》[8]

這些僅是名言的一小部分而已。名言可以直接引用（當然別忘了要注明出處），不過若能以名言為靈感，導出其他的語句就更好了。

以最後一句的「我想和公司談戀愛」為例，「公司」和「戀愛」兩個平時鮮少搭配在一起的語詞配對，真是十分有意思。我們可以借用這個想法，自己想出新的配對。

應用▶
- 與工作談戀愛吧！（女性雜誌特刊標題）
- 想不想來與蔬菜談場戀愛呢？（農園的徵人啟事）
- 我與這本書陷入了戀情（書店門口的 POP）

請各位善加利用自己喜歡的名言佳句，想出能夠刺進對方心坎的文案吧！

---

1 日文名『ドラえもん』（藤子‧F‧不二雄著／小學館），中譯本由青文出版。

2 『NANA』（矢澤愛著／集英社），中譯本由尖端出版。

3 日文名『ハチミツとクローバー』（羽海野千花著／集英社），中譯本由尖端出版。

4 日文名『のだめカンタービレ』（二之宮知子著／講談社），中譯本由東立出版。

5 日文名『働きマン』（安野夢洋子著／講談社），中譯本由台灣東販出版。

6 日文名《TOUCH》（『タッチ』／安達充著／小學館），中譯本由青文出版。

7 日文名《SLAM DUNK》（『スラムダンク』／井上雄彥著／集英社），中譯本由尖端出版。

8 日文名『サラリーマン金太郎』（本宮宏志著／集英社），中譯本由東立出版。

技巧 55 ［ 傾聽「一般人」的名言 ］

> 不只是偉人所說的話才能成為名言，也不是只有出現在漫畫或動畫等虛構作品中的句子，才能成為佳句。「一般人」脫口而出的話語，也有可能成為名言。

　　為了鍛鍊「廣告文案力」，傾聽一般人所說的話也是相當重要的事。因為從一般人口中說出的話，通常最容易呈現當時的氣氛。請大家建立習慣，一旦聽到覺得不錯的語句，就當場記下來，之後再仔細思考有無派上用場之處。

　　前陣子，我曾在速食店無意中聽到兩個貌似大學生的男生，正在談論關於年長女性談戀愛的事情。談話中，出現了下列語句。

> **原文▶** ｜「即使是歐巴桑，只要還抱有希望，我就能夠接受。」

　　其實這句話本身並不是什麼名言，但我覺得「還抱有希望」這句話很有意思，或許可以用在針對 30、40，甚至到 50 幾歲女性開發的商品或服務上。

應用▶
- 不要放棄自己（健身房的文案）
- 各位是否已放棄琢磨自己的女性魅力了？（女性雜誌特刊的文案）
- 一旦放棄，女人就結束了。（女性化妝品的文案）

除了街頭巷尾路人的談話之外，名人在電視或雜誌上所說的話語也能加以運用。例如，不久前女演員大竹忍女士在電視上播出的紀錄片說了下列這句話。

原文▶ 「我覺得體力旺盛也是一種才能」

「體力」和「才能」兩種平時鮮少搭配的組合，可說是相當有趣。各位不妨以此為例，運用這些非刻意創造出來的話語，製造新的語詞組合。

應用▶
- 體力是最佳的才能！（體育大學的宣傳標語）
- 我覺得容易喜歡上人，也是一種才能（女性雜誌的文案）
- 怕生，也是一種才能（育兒雜誌的標題）

無論在街頭巷尾、電視或是雜誌上，都有許多像這種不知道是誰隨口說出的名言。人們不經意說出的話語，總是能令人感到驚艷有趣。各位不妨隨時收集起來，需要之時即可善加利用。

模仿電影、小說或樂曲

接下來要提及的手法與技巧 53 的方法相似，思考標題之際，仿照知名的標題也能令人容易記住。

許多書籍都是參考知名標題，加以仿照。

原文▶	《漢賽爾與葛麗特》（『ヘンゼルとグレーテル』）
⬇	
範例▶	《減少爾與增多特》[1]（『ヘッテルとフエーテル』）

《減少爾與增多特》是 2009 年獲頒「全日本只看標題大獎」，描述金錢與投資相關寓言的書籍。這個書名明顯是以格林童話的《漢賽爾與葛麗特》為原案改寫，可說是諷刺味十足的優秀標題。

下一個案例也是因為仿照原案改寫，而讓書名顯得強勁有力又出色。

原文▶	《1984》
⬇	
範例▶	《1Q84》[2]

2009 年至 2010 年間的暢銷書《1Q84》（村上春樹著），其書名就是仿照喬治·歐威爾（George Orwell）的作品《1984》而來。《1984》是寫於 1948 年的未來小說，描寫的是受到極權國家統治的恐怖，讓人不禁聯想到史達林體制下的蘇聯。

此外，也有許多廣告的宣傳文案是仿照著名小說或電影的標題改編[3]。近來特別出眾的是雅瑪多國際物流的廣告宣傳文案。

原文▶	《我是貓》[4]
	⬇
範例▶	宅配是貓（中譯：黑貓宅急便）

這是唯有以「黑貓」當作商標的雅瑪多國際物流，才能夠做到出色的模仿[5]。

各位在想商品或活動名稱時，不妨思考是否能夠仿照知名電影、小說或樂曲的標題。日本的《和英·英和標題情報辭典》（小學館出版）就是將歐美知名電影、音樂、文學及美術等標題結集成冊的辭典。

---

1 譯注：「原文」是個著名童話故事，台灣多譯為《糖果屋》，「範本」將原文名稱稍作改變，來表示金錢的增多與減少。《減少爾與增多特》為 Money Hetta Chang 著（經濟界出版），中譯本《賣火柴女孩教你的 9 堂金錢暗黑學》由台灣東販出版。

2 村上春樹著（新潮社），中譯本由時報出版。

3 編注：台灣案例如：「《復仇者聯盟》→《婦仇者聯盟》」、「《驚聲尖叫》→《驚聲尖笑》」。

4 日文名『吾輩は猫である』（夏目漱石著／岩波書店），中譯本由大牌出版。

5 編注：台灣雅瑪多國際物流的文案則模仿自《魔女宅急便》（宮崎駿動畫電影）。

向野村克也學習「名言能力」

前職棒教練野村克也先生，因為名言數量之多而廣為人知。尤其，從他口中說出的名言，大多不是當場臨時想到的句子，而是事前參考其他文案所準備的語句。

技巧46所提及的名言，「若王貞治與長嶋茂雄像是太陽底下盛開的太陽花，那麼我就像是在傍晚默默綻放的月見草」也是如此。野村先生曾經說過，這句話是在閱讀太宰治《富嶽百景》[1]的知名章節「富士與月見草相當匹配」之後，突然靈光乍現，而事前儲存的句子。

此外，野村先生在球員生涯接近尾聲之際的宣傳文案「到死都是捕手」，這句話也是他自己想出來的。原先在南海鷹隊擔任選手兼任教練的野村，遭到解雇後，交情良好的作家草柳大藏送了「到死都是讀書人」一句話給他，野村便以此為例，給自己這個稱號。

野村先生流傳至今的名言：「贏有不可思議的贏，輸卻沒有不可思議的輸」，其實也有所典故。這是肥前國平戶藩第六代藩主松浦清（靜山）在《常靜子劍談》書中提及的話語。

據說，野村先生晉身教練後廣泛閱讀日本與中國的古典作品，竭力讓自己隨時「能說得一口好話」。這都是因為他深知「語言」擁有打動人心的力量！

關於此事，野村先生也有一句名言，那就是：「領導人的價值，取決於其言詞能帶給選手多少感動與撼動。」

---

1 日文名『富嶽百景・走れメロス　他八篇』（太宰治著／岩波書店）。

第 **7** 章

透過「組合」產生變化

組合性質不同的詞語

> 本書中多次提及，將性質不同的詞語湊在一起，文案便會充滿驚奇與力量。

「草食（性）男子」和「肉食（性）女子」在 2008 ～ 2009 年大流行，正因為將「草食」和「肉食」這兩個平日不太會用來形容人類的詞語，搭配「男子」與「女子」，使得這個組合顯得十分新鮮。

這種將性質不同的詞語湊在一起的手法，時常用於廣告中。1982 年日本西武百貨的年度宣傳文案，就是因為使用性質不同的詞語組合，而讓消費者留下極為強烈的印象。

範例▶ | 美味生活

這句文案的撰寫者是系井重里先生。近來「美味」一詞與「生活」和「工作」等名詞的組合已經相當普遍，不過就當時來說，說到「美味」就只會與食物連結，並沒有其他意思存在。因此，這可是相當新奇的搭配。

以 20 歲女性為定位的雜誌《FRaU》，其中以「自主女性的單一主題電子報」為宣傳文案的特集，吸引了所有女性的目光。

2010 年 7 月的特集是「美味沙拉」，內容主張目前大家追求的是「滑嫩圓潤」的身體。「皮膚滑嫩」和「圓潤」的字詞組合，也相當創新且令人記憶猶新。

範例▶ | 滑嫩圓潤[1]

若想要像書名或電影名稱一般，透過簡短的字詞發揮巨大力量，盡量使用意思距離遙遠的詞彙，就能讓文案更加刺進人心。

範例▶ | • 《國家的品格》[2]
      • 《我的野蠻女友》[3]
      • 《最終兵器少女》[4]
      • 《奇愛博士》
      • 《發條橘子》[5]
      • 《欠踹的背影》[6]
      • 《狼與辛香料》[7]

上述標題都是透過意想不到的字詞搭配，而讓人留下深刻的印象。2010 年的暢銷書《如果，高校棒球女子經理讀了彼得・杜拉克》[8]，書名雖然不算簡短，不過「女子經理」與「杜拉克」兩個出乎意料的搭配，著實令人記憶深刻。

接下來，就以此項手法實際應用看看吧！假設現在各位必須想出一個新企畫。這種時候就必須先找出關鍵字，並試著與性質不同的字詞互相搭配。

假設現在有一個關鍵字是「大人」。如果將「大人」和「與小孩息息相關的事情」搭配，就能加深其樂趣。

範例▶
- 大人的校外教學
- 大人的畢業旅行
- 大人的柑仔店
- 大人的暑假
- 大人的辦家家酒
- 大人的自由研究

如果關鍵字換成「男生」，就能透過與「女性用品」結合，讓字詞充滿「心動感」。這或許能成為新商品開發的靈感（若是男女定位互相對調，這個文案就無法成功吸引他人目光）。

範例▶
- 男生的胸罩
- 男生的粉底
- 男生的光療指甲
- 男生的內衣
- 男生的化妝技巧

假設各位是一間餐廳老闆，餐廳生意一到午餐時間就門庭若市，可是到了晚上卻又門可羅雀。發生這種情況，請試著將「商業午餐」當作關鍵字，微調營業時間。如此一來，意想不到的語詞也會令人難以忘懷。

範例▶
- 早上的商業午餐
- 晚上的商業午餐
- 半夜的商業午餐

如果能夠繼續發展下去，以「365 天 24 小時商業午餐的店」作為餐廳的宣傳文案，應該會有不錯的效果。

比起一般在菜單看到的「早餐」、「午餐」、「晚餐」，若能讓顧客無論何時前往餐廳，都有划算的感覺，就能發揮力量。

請試著將已聽慣的老套言詞，與平常鮮少連結在一起的語詞搭配，想出能刺進心坎的文案吧！

---

1 原文「すべすべぽにょ」，出自：《FRaU》（2010 年 07 月號／講談社）。

2 日文名『国家の品格』（藤原正彦著／新潮社），中譯本由大塊出版。

3 日文名『猟奇的な彼女』（金浩植著／日本電視放送網），中譯本由尖端出版。

4 日本名『最終兵器彼女』（高橋真著／小學館），中譯本由尖端出版。

5 日本名『時計じかけのオレンジ』（安東尼・伯吉斯著／乾信一郎譯／早川書房），中譯本由臉譜出版。

6 日本名『蹴りたい背中』（綿矢莉莎著／河出書房新社），中譯本由平裝本出版。

7 日本名『狼と香辛料』（支倉凍砂著／文倉十插畫／ MediaWorks），中譯本由台灣角川出版。

8 日本名『もし高校野球の女子マネージャーがドラッカーの「マネジメント」を読んだら』（岩崎夏海著／ DIAMOND Inc），中譯本由新經典文化出版。

使用「神奇字句」

只要使用某種特定詞語,就能夠「讓許多人產生興趣」、「容易賣出商品」,這就是神奇字句的功效。相反的,神奇字句若使用不當,就會淪為廉價文案。尤其當內容與標題不一致時,事後有可能成為眾人批判的標的,這點務必特別注意。

有些神奇字句,常用於商業或實用書的書名,接下來要向各位介紹這五大類神奇關鍵字。只要在網路書店輸入關鍵字查詢,隨便都會出現幾千幾萬筆搜尋結果。

① 改變人生(人生有所轉變)[1]

> **範例▶**
> • 《改變人生 80 對 20 的法則》[2]
> • 《改變人生!夢想設計圖的繪圖方式》[3]
> • 《改變人生「當機立斷」的力量》[4]
> • 《透過行動科學改變人生》[5]
> • 《改變人生的朝活!》[6]
> • 《立即改變人生的 6 個簡單方法》[7]
> • 《改變人生的 1 分鐘整理術》[8]
> • 《人生改變,感謝的話語》[9]
> • 《人生改變!「夢想・實現力」》[10] 等

② 改寫命運

範例▶	• 《改變命運的技術》[11] • 《改寫命運的真實話語》[12] • 《「思考」改變命運》[13] • 《改變命運的 50 個小習慣》[14] • 《命運改寫漢方體操》[15] • 《讀過就會改變命運的當代文學法則》[16] • 《人生僅僅 2% 就能改變命運》[17] 等

③ 只要○○就能 ×× (技巧 25 也曾提及)

範例▶	• 《圍著就能瘦》 • 《貼著就能瘦》 • 《睡覺就能瘦》 • 《記錄就能瘦》[18] • 《只需看過就能寫小論文》[19] • 《光閱讀就能禁菸的絕對療法》[20] 等

④ 魔法[21]

範例▶	• 《頭腦變好的魔法速習法》[22] • 《2 週就能改變一生的魔法話語》[23] • 《讓國小生提升閱讀力的魔法書櫃》[24] • 《業務員的魔法》[25] • 《小孩乖乖長大的魔法話語》[26] • 《凡人變身最強業務員的說話魔法》[27] • 《被愛成為有錢人的魔法話語》[28] 等

⑤ 奇蹟

範例▶	• 《奇蹟的蘋果》[29] • 《半日斷食的神奇療效》[30] • 《為人生帶來奇蹟的筆記術》[31] • 《奇蹟的居酒屋筆記》[32] • 《自己創造奇蹟的方法》[33] • 《奇蹟的經營》[34] • 《設計創造奇蹟》[35]

各位的書架上，想必也能看到與上述書名相似的書籍。儘管市面上早已有許多書籍以相同關鍵字作為書名，卻還是有類似書籍陸續出版。

這是因為使用神奇字句，就能大幅提升銷售量。因為所有讀者都希望能夠「輕鬆獲得改變人生或命運的魔法與奇蹟」（還只需花一千多日圓即可）！

除此之外，「秘訣」、「密技」、「秘密」、「簡單」、「方便」等字詞，都可稱為神奇字句。

不侷限於書名，神奇字句的使用範圍極廣，可用於「雜誌標題」、「電子報或部落格的標題」等處。不過，正如開頭所言，這些字詞使用不當可能會讓文案淪為廉價或是令人有所防備。因此在製作大企業的媒體文案時，就可能會變成典型的 NG 字詞。

1 編注：台灣類似的案例如：《斷捨離：斷絕不需要的東西，捨棄多餘的廢物，脫離對物品的執著，改變 30 萬人的史上最強人生整理術！》、《為什麼這樣工作會快、準、好：全球瘋行的工作效率升級方案，讓你的生活不再辛苦，工作更加省時省力》、《成為有趣人的 55 條說話公式：日本最幽默導演教你用「聊天」提升人際魅力，讓你職場、情場、交友、演講、自我介紹……處處無往不利！》、《接受不完美的勇氣：阿德勒 100 句人生革命》等。

2 *The 80/20 Principle*（Richard Koch〔李察‧柯克〕著）日文名『人生を変える80対20の法則』（仁平和夫譯／阪急 Communications），中譯本《80/20法則：商場獲利與生活如意的槓桿原理》由大塊文化出版。

3 日文名『人生を変える！夢の設計図の描きかた』（鶴岡秀子著／Forest Publishing），中譯本《夢想設計圖：日本夢想計畫大獎得主的成功祕訣》由麥田出版。

4 日文名『人生を変える「決断」の力』（Coach Kardan 著／KK Bestsellers）。

5 日文名『行動科学で人生を変える』（石田淳著／Forest Publishing）。

6 日文名『人生を変える朝活！』（常見陽平著／青志社）。

7 日文名『今すぐ人生を変える簡単な６つの方法』（Levanah Shell Bdolak 著／坂本貢一譯／MediArt）。

8 日文名『たった１分で人生が変わる　片付けの習慣』（小松易著／中經出版），中譯本由商周出版。

9 日文名『人生が変わる感謝のメッセージ』（中山和義著／大和書房）。

10 日文名『人生が変わる！「夢・実現力」』（早川周作著／Infotop）。

11 日文名『運命を変える技術』（加藤真由儒著／青春出版社）。

12 日文名『運命を変える本物の言葉』（櫻井章一著／GOMA—BOOKS）。

13 日文名『「思考」が運命を変える』（James Allen 著／松永英明譯／KK Bestsellers）。

14 日文名『運命を変える 50 の小さな習慣』（中谷彰宏著／PHP 研究所），中譯本《改變一生的 100 個小習慣》由世潮出版。

15 日文名『運命が変わる漢方体操』（朴忠博著／多田理作編／星湖舍）。

16 日文名『読むだけで運命が変わる入試現代文の法則』（板野博行著／旺文社）。

17 日文名『人生たった 2% で運命が変わる』（Marcia Hughes 著／中川泉譯／Business-sha）。

18 日文名『記録するだけダイエット』（砂山聰著／實業之日本社）。

19 日文名『読むだけ小論文』（樋口裕一著／學習研究社）。

20 日文名『読むだけで絶対やめられる禁煙セラピー』（Allen Carr 著／阪本章子譯／KK Longsellers）。

21 編注：台灣類似的案例如：《怦然心動的人生整理魔法》、《巴菲特選股魔法書》、《神奇的肝膽排石法》等。

22 日文名『頭がよくなる魔法の速習法』（園善博著／中經出版），中譯本《改變人生的超‧速習法》由智富出版。

23 日文名『2週間で一生が変わる魔法の言葉』（葉月虹映著／Kiko 書房），中譯本《人生絕對沒問題：14 天奇蹟法則》由尖端出版。

24 日文名『小学生のための読解力をつける魔法の本棚』（中島克治著／小學館）。

25 日文名『営業の魔法』（中村信仁著／B Communications）。

26 *Children Learn What They Live*（諾爾特〔Dorothy Law Nolte〕、海里斯〔Rachel Harris〕著），日文名『子どもが育つ魔法の言葉』（石井千春譯／PHP 研究所），中譯本《孩子在生活中學習》由新迪文化出版。

27 日文名『凡人が最強営業マンに変わる魔法のセールストーク』（佐藤昌弘著／日本實業出版社），中譯本由立村文化出版。

28 日文名『愛されてお金持になる魔法の言葉』（佐藤富雄著／三笠書房）。

29 日文名『奇跡のリンゴ』（石川拓治著／NHK「專家的作風」製作組監修／幻冬舍），中譯本《這一生，至少當一次傻瓜──木村阿公的奇蹟蘋果》由圓神出版。

30 日文名『奇跡が起こる半日断食』（甲田光雄著／牧野出版），中譯本由世茂出版。

31 *The Mind Map Book*（Tony Buzan〔東尼‧博贊〕著），日文名『人生に奇跡を起こすノート術』（田中孝譯／Kiko 書房），中譯本《心智圖聖經／心智圖法理論與實務篇》由耶魯出版。

32 日文名『奇跡の居酒屋ノート』（松永洋子〔新橋‧有薫酒藏女將〕編著／洋泉舍）。

33 日文名『自分で奇跡を起こす方法』（井上裕之著／Forest Publishing）。

34 日文名『奇跡の経営』（Ricardo Semler 著／岩元貴久譯／綜合法令出版）。

35 日文名『デザインが奇跡を起こす』（水谷孝次著／PHP 研究所）。

刻意使用少見詞語

> 看到少見的詞語，會讓人停下來，心想：「這是什麼？」
> 進而提高產生興趣的機會。

以讀者感興趣的話題，搭配平時少用的生硬或古老的說法作為標題，是女性雜誌經常使用的手法。因為這般不協調的感覺，反而能讓人留下深刻的印象。請參考看看下列時尚風女性雜誌《SPUR》的標題。

普通▶	2010 模特兒界將有所改變
	⬇
範例▶	2010「模特兒維新」即將開始 [1]

政治用語「維新」與「模特兒」的組合，可說是相當新鮮。

下一個範例是，女性雜誌《CREA》每個月最受歡迎的電影特刊的標題。

普通▶	對○○有效的電影最佳前 10 名
	⬇
範例▶	電影處方箋最佳前 10 名 [2]

此範例也是因為使用醫療用語「處方箋」和「電影」的組合，起了化學作用。下一個是美容系女性雜誌《MAQUIA》的標題。

普通▶	現在立即加入「瘦腳教室」
	⬇
範例▶	即刻進門！立即奏效「瘦腳道場」[3]

「道場」這種有些年代感的詞語，反而顯得新鮮又能夠達成效果。下一個介紹的，是以 40 歲職場女性為目標讀者的女性雜誌《STORY》的標題。

普通▶	公布！ 10 位時尚領導人
	⬇
範例▶	公布！ 10 位時尚內閣[4]

「時尚內閣」的表達手法也相當特殊。其中職務從總理大臣、豐滿迷人大臣到休閒戰略局大臣等都有，職位可說是多采多姿。

接著，讓我們來看看儼然成為女性雜誌始祖的《LEE》在 1982 年的活動文案吧！

普通▶	女人 30，知道自己體內擁有多少豐富資源嗎？
	⬇
範例▶	女人 30，知道自己的蘊藏量嗎？

因為使用「蘊藏量」一詞，即便不像**普通**說明得那麼詳

細，也能讓接收方立即了解語意。再者，因為平常鮮少使用，也能讓人印象更深刻。

那麼，下一句又如何呢？

普通▶	來探討我們的危機管理吧！
範例▶	少女限定的危機管理委員會[5]

普通▶	CREA 支持職業婦女
範例▶	CREA 職業婦女委員會，即日成立[6]

由上而下分別是《SPUR》和《CREA》的雜誌標題。「委員會」一詞雖然感覺有點年代，不過帶有「大家一起努力」的氣氛，還是相當不錯！

順帶一提，以 30 歲女性為目標讀者的雜誌《InRed》，曾經有個名叫「小泉今日子執行委員會」的熱門連載專欄。由女演員小泉今日子擔任委員長，和興趣多元的 30 歲女性共同挑戰新穎事物的企畫，並在 2010 年結集成冊出版。

---

1 出自：《SPUR》（2010 年 06 月號／集英社）。
2 出自：《CREA》（2010 年 06 月號／文藝春秋）。
3 出自：《MAQUIA》（2010 年 06 月號／講談社）。
4 出自：《STORY》（2009 年 12 月號／光文社）。
5 出自：《SPUR》（2010 年 01 月號／集英社）。
6 出自：《CREA》（2010 年 01 月號／文藝春秋）。

專業術語搭配慣常詞彙

這點與技巧 57 有些類似,將特定專業領域術語和普通的字詞搭配,就能產生煥然一新的感覺。

下列是搭配專業術語的暢銷書書名。

範例▶
- 《槓桿時間術》[1]
- 《IDEA HACKS!創意工作密技》[2]
- 《Alliance 工作術》[3]

「槓桿」(leverage)一詞是金融術語,「HACKS」是資訊科技術語,「Alliance」則是經營管理術語。這些專業用語和「閱讀術」、「工作術」、「創意思考」等商業書籍常見的固定用詞搭配,便會顯得相當新奇,令人不禁產生興趣,想知道「究竟是什麼內容」。

在各位所屬的業界,肯定也有獨特的專業術語。專業術語結合「工作術」、「閱讀術」、「創意思考」等常見詞彙,說不定可以創造新型商業技巧。

這種手法常用於雜誌,希望藉此引起讀者的興趣。接下來要介紹的是《anan》的標題。

範例▶ 「女神 laundering」實錄報告[4]

「laundering」原意是「洗衣服」，一般常用在金融方面，意指「money laundering」（洗錢）。最近更進一步延伸，發展出「洗學歷」的用法。

這個範例就是將「laundering」和「女神」**經典語詞的搭配，讓文案顯得新奇又引人側目。**

下一個是雜誌《SPA!》的標題。

普通▶ 女人的價值低落
⬇
範例▶ 女人已經通貨緊縮[5]

「通貨緊縮」一詞並未專業到很少見的地步，不過和「女人」如此常見的詞語搭配使用，就能吸引他人興趣。

下列同樣也是《SPA!》的標題。

普通▶ 公司聯誼資訊
⬇
範例▶ 聯誼季報[6]

《公司季報》是將各分公司的資訊和業績結集成冊，和「聯誼」一詞組合就是最經典之處。

下列是《AERA》的標題。

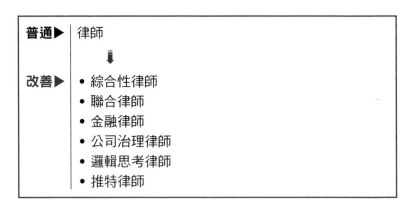

| 普通▶ | 增加夫妻間的互動，家庭圓滿 |
| 範例▶ | 夫妻間的 B2B 協議，家庭圓滿[7] |

「B2B」原是指企業之間的交易，此處用來形容夫妻之間的互動，可說是相當有趣。

接著，請試著運用此項手法。假設各位的職業需要具備專業執照，例如：律師、會計師、地政士，或是理財專員等。在此以「律師」為例，進行說明。

即使擁有專業證照，也不一定能夠找到工作，這就是社會現況。為了突顯與其他律師的差異，就從職稱下手吧！利用專門用語和「律師」這個固定職稱進行組合。

| 普通▶ | 律師 |
| 改善▶ | • 綜合性律師
• 聯合律師
• 金融律師
• 公司治理律師
• 邏輯思考律師
• 推特律師 |

即使同樣都是「律師」，透過與不同專業用語結合，也能突顯個人色彩。不過並不是所有專業用語都可以套用，我想這應該不必多言。如果專業術語無法呈現各位擅長的領域或技能，就毫無效用。

如果名片上印有上述類型職稱，交換名片時，就可能被詢問：「這是什麼意思？」因此就有進一步說明的機會了。

　　將專業術語和自己擅長的領域相結合，便能夠自然地誇耀自己的專長。

1　日文名『レバレッジ時間術』（本田直之著／幻冬舍），中譯本由漫遊者文化出版。

2　日文名『IDEA HACKS!』（原尻淳一、小山龍介著／東洋經濟新報社），中譯本由商周出版。

3　日文名『アライアンス仕事術』（平野敦士卡爾著／GOMA-BOOKS）。

4　出自：《anan》（2010 年 1697 號／MAGAZINE HOUSE）。

5　出自：《SPA!》（2010 年 04 月 06 日號／扶桑社）。

6　出自：《SPA!》（2010 年 01 月 12 日號／扶桑社）。

7　出自：《AERA》（2009 年 08 月 03 日號／朝日新聞出版）。

技巧 61 將名詞與動詞刻意亂搭

有時將平常不會放在一起的名詞與動詞結合，就能引起化學反應，創造出有趣的文案。

假設各位是商業雜誌的編輯，必須以「工作」為關鍵字，想出新的企畫與標題。

說到「工作」的動詞，一般都是用「做」居多。如果搭配一個完全不同屬性，平時絕對不可能放在一起的動詞，就會產生嶄新的文案。又或者，會由此想出新的企畫案。

普通▶	• 做工作
	⬇
改善▶	• 閱讀工作
	• 行走工作
	• 設計工作
	• 壓制工作
	• 吃掉工作
	• 玩工作
	• 擁抱工作

若將「工作」一詞替換成更狹義的主題，例如「簡報」、「上班」、「企畫書」、「會話」等詞，不同組合產生的化學效應也會不同。同時，此手法當然也可運用在「工作」以外的詞彙。假設各位是女性雜誌的編輯，試著以「戀愛」一詞想出可互相搭配的動詞。

 ▶ • 談戀愛
　　　　　• 陷入愛河

改善▶ • 簡報愛
　　　　• 喝乾愛河
　　　　• 編輯戀愛
　　　　• 戀愛大掃除
　　　　• 噓戀愛
　　　　• 登上戀愛
　　　　• 替戀愛揹背

　　像上述文案一般，結合平常不會搭配在一起的名詞與動詞，就能呈現意想不到的文案。請務必多多嘗試多樣組合，將之用在名片上，或許會出現蠻有趣的效果。如果各位是業務，名片就會呈現下列樣貌。

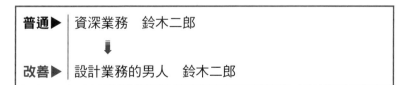

普通▶ 資深業務　鈴木二郎
　　　　　↓
改善▶ 設計業務的男人　鈴木二郎

重新整合共通點

> 向他人推銷物品時，比起零散地介紹，倒不如將共通之處整合為一，以便輕易進入接收方的大腦。如此一來，也能提高接收方「認為與自己有關」的意識。

收集了許多零散的小道消息，結集成特刊的雜誌不可計數。

範例▶
- 《文春週刊》
  「挖掘萬人迷真面目」大篇幅特刊 [1]
  藝人父子的醜聞、太空人丈夫的佳話、知名高爾夫球選手時常關注的手機部落格、拳擊世家的報導
  ➡全是名人的秘辛

範例▶
- 《新潮週刊》
  「紅色戰士」大篇幅特刊 [2]
  有意轉戰政治舞台的女藝人私生活、沙灘排球界的傳聞、前首相夫人部落格介紹的詐欺專家，以及政治世家的緋聞
  ➡皆是以女性為主角的報導

上述範例中，每一篇的報導類型雖然不盡相同，但藉由統一標題便能讓文案看起來有一致性。

以書店的陳列為例，一般而言，大致會分成雜誌、小說、散文、科幻、商業、生活、考試、新書等，而這些分類方法都是依據銷售方的立場。

不過，若以顧客的需求為出發點就會發現，比起分類，顧客更重視「現在自己所需的書籍和雜誌」。然而，顧客在大多時候卻又不清楚自己要的是什麼。

「內心是不是有類似想法？」不妨試著由傳遞方主動向顧客釋出未察覺的需求訊息。以下舉例說明。

普通▶	雜誌、小說、散文、科幻、商業、生活、考試、新書
改善▶	• 「給為了人際關係傷透腦筋的你」 • 「給想改變自己的你」 • 「給想要成為能幹工作者的你」 • 「給想要更了解社會運作的你」 • 「給好一陣子沒談戀愛的你」 • 「給想要嘗試新事物的你」

請不要受到上述「**普通**」範例的既定類別限制，不妨向「**改善**」案例看齊，試著在同一個書架上，擺滿不同種類的書籍吧！

例如，在「給想要成為能幹工作者的你」專區內，除了商業書之外，也可以陳列具傳統教育意含與啟發的小說或哲學相關書籍。如此一來，就算平時只看商業書的人，也有可能購買其他類型的書籍。

這個手法同樣可用在超市等食品商店。若超市架上的商品擺設總是一成不變，顧客就有可能感到厭倦。「北海道專區」、「甘醇醬油齊聚一堂」、「當季蔬菜」、「義大利料理這樣做」等，不妨試著以週或月為單位，設立相關食材專區。

　　時常提供新資訊，讓顧客察覺自己的需求，對於店家的印象也會有極大幫助。

　　若在公司或工作中，發現有凌亂不堪的事物，不妨將之整合，並給予不同的名稱，如此說不定也會有新發現。

1　出自：《文春週刊》（2010 年 04 月 22 日號／文藝春秋）。
2　出自：《新潮週刊》（2010 年 05 月 27 日號／新潮社）。

技巧 63 ［將資訊系統化］

　　這點與技巧 62 相似，都是透過統整眾多資訊，以系統化方式讓接收方更容易理解。

　　經過系統化的資訊，可用「法則」、「公式」、「規則」、「方程式」、「黃金定律」、「原則」等詞彙形容。

　　以上述詞語為標題的書籍不可勝數。順帶一提，本書也是將廣告文案力的「原則」系統化，整合成 77 個技巧。因為將內容統整為法則，就能使整體形式淺顯易懂。

　　各位手邊的工作或是公司的業務，只要能夠統整出「法則」或「公式」，就能給人更佳的印象。因此，就算是不需特別提出來的事情，也要刻意將其化為法則或公式。

　　假設各位是量販店的店長，為了讓店員學習待客技巧，而需發放相關教學手冊。請試著替標題命名。

普通▶	何謂能讓顧客掏錢購買的待客術
	↓
改善▶	讓顧客無法抗拒購買欲望的待客法則 ～只要記住五大法則，你也能成為銷售高手～

雖然手冊內容都一樣，不過各位是否能夠感受到「**改善**」比較吸引人呢？除此之外，透過系統化的整理，傳遞方也能夠釐清自己的思緒，可說是好處多多。此項技巧適用範圍廣泛，凡舉企畫書、簡報等皆可。

將物品與人結合

我們在思考商品的推銷文案時，通常會偏重在想讓顧客了解商品的功能或價值。不過，某些時候接收方根本對商品規格毫無興趣。這時，就必須替商品加上「人」。

假設各位是攝影機的銷售人員，想當然耳一定會想要突顯自家產品與他家功能的差異吧！不過，與其介紹商品本身，倒不如讓對方知道「使用該產品會帶來什麼好處」，更能打動對方的心。以下是實際案例。

2009 年 Sony 為了宣傳 Handycam 數位攝影機，在公司網站播放以「Cam with me」為題的影片而大受討論。

範例▶ 「將平凡無奇的每一天變成無可取代的回憶」
（影片內容為女兒從出生到結婚的過程）

即使沒有針對商品規格做任何說明，只要在介紹商品時加上人的要素，便能讓人產生「我果然還是需要一台數位攝影機啊」的想法。

在電視上介紹商品時，Japanet Takata（日本電視購物公司）的高田明社長一定會設立實演時間，介紹「實際使用情形」。**比起商品的規格資訊，述說「購買商品之後，會帶給顧客什麼樣的未來」**才能真正達到效果。

踏入位於日本東京都國立市的蔬菜餐廳「小農廚房」本店，會看到像是選舉海報一般，貼著生產者大頭照的文案。在蔬菜產品上加上人的要素，便能藉此提高價值。味道和製作方法固然重要，不過大多數人還是會想了解蔬菜栽種者的理想，藉此提高對產品的信心。

這不僅適用於農作物，亦可運用在工作上。

假設各位正在為自家產品製作傳單，不妨請參與生產過程的「製造負責人」和「開發負責人」露臉，親自述說製造過程的辛勞或不為人知的故事。

在後面第 9 章會提到「說故事」的手法，加入「人」的要素，也能提升接收方感興趣的可能。

故事不一定要多麼精彩，只要故事中有人物登場，自然而然就會有看頭。如果想不出來要如何訴求商品或服務，請試著加上「人」的要素吧！

技巧 65 ［加上「時效性」］

> 許多人即使覺得商品不錯，心裡總是會想「算了，之後再說吧」。為了讓接收方立即行動，就必須加上「時效性」的訊息。

日本媒體界有一本《媒體電話簿》[1]，刊登了日本媒體相關的人或企業的聯絡方式，每一年都會修訂再版。每年一定有人會重新購買，也有人絲毫不在意，就這樣一年過一年。2010 年版的 POP 就確實抓住了這種心情，請看「**範例**」。

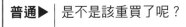

普通▶	是不是該重買了呢？
	⬇
範例▶	今年正是換新版的最佳時機。

多年沒有購買新版書的人，看了這個文案之後，應該都會想要購買新版吧！

接下來請欣賞巧妙運用詞語，讓讀者有時間感的案例。

普通▶	完美無缺！花粉症對策
	⬇
範例▶	完美無缺！花粉症對策 2010 [2]

　　這是以職場女性為目標讀者的雜誌《日經 WOMAN》內的標題。只是加上年度，就像是新增了 2010 年度最新的資訊。

　　下一個案例也是，只是多加一個詞就引起顧客購買的欲望。

普通▶	「暢銷理由」行銷理論解決煩惱！
	⬇
範例▶	「暢銷理由」最新的行銷理論解決煩惱！ [3]

　　上述是出自《President》的標題。雖然只是增加了「最新的」一詞，卻像是刊登了前所未有的嶄新情報。

　　下一個案例也是，增加一個詞，效果大不同。

普通▶	推特導覽
	⬇
範例▶	推特的最終導覽 [4]

　　這是《SPA!》的標題。雖然只是加了「最終」一詞，但對於尚未申請推特帳號的用戶來說，卻會產生不想錯過最後一班車的心情，而讓文案顯得吸引力十足。

此外，也可以加上四季的詞語，像是「春」、「梅雨」、「夏」、「秋」、「冬」等詞。或是「過年」、「兒童節」、「黃金週」、「母親節」、「父親節」、「七夕」、「暑假」、「中秋節」、「聖誕節」等，將年節假日與本來不具時效的事物結合。

若是在公司的公關宣傳部，負責向電視、報紙、雜誌、廣播等媒體發送新聞稿，邀請採訪或是撰寫報導等，針對商品加上「立即」的資訊就變得相當重要。

請隨時準備好「四季節日」和「自家商品」的「有趣組合」，然後在節日來臨前一個月（月刊雜誌則是 2 ～ 3 個月前）將新聞稿寄送到對方手上。

再者，除了固定的年節假日之外，也必須思考「大型運動盛事、選舉、法規修訂等新聞」或「當下流行的商品或服務」要如何與自家商品結合。請試著將該組合字詞帶入標題，寫成新聞稿發送給媒體。

如此一來，便能夠大幅提升自家商品或服務接受採訪、被報導的可能性。

---

1 日文名『マスコミ電話帳 2010 年版』（宣傳會議）。

2 出自：《日經 WOMAN》（2010 年 03 月號 P.123 ～／日經 BP 社）。

3 出自：《President》（2010 年 03 月 29 日號／ PRESIDENT Inc）。

4 出自：《SPA!》（2010 年 03 月 02 日號／扶桑社）。

技巧 66 [以關鍵字打遍天下]

> 將通篇廣告文宣以單一關鍵字貫穿，就能讓接收方的印象更趨深刻。

為 10 歲以上小女孩打造的時尚雜誌《Popteen》，就是以「盛裝」（日文：「盛り」，意指從頭到腳仔細打扮之意）這個單一關鍵字，成功在出版業不景氣下，還不斷拉高銷售冊數。雜誌的特刊標題全部都是由「盛裝」所組成。

範例▶
- 用萌系盛裝征服世界！這一月號即將突破 50 萬冊 [1]
- 春天的低單價盛裝時尚大運動會！[2]
- 這個春天，蓬蓬盛裝的頭髮最可愛 [3]
- 初學者絕對也能盛裝！初學者的化妝 BOOK [4]
- 1000 名讀者的「神級宴會盛妝」大遊行！[5]
- 新春超級盛裝！「迎接春天」化妝密技 [6]
- 大家都在意讀者模特兒的「專業盛裝」MAX！[7]

所謂的「盛り」，指的是畫大濃妝，將髮型眉毛等弄成比平常還要更有分量的模樣。不過，從上述範例就會發現，這個定義已經無法跟上時代潮流。總而言之，就是要貫徹始終使用單一關鍵字，再與其他詞語結合，就能讓雜誌本身產生力量。

書籍也是一樣，一位作者如果能用共通的關鍵字作為系列書名，讀者對作者的印象也會更加強烈。

借助權威的力量

> 人類總是無法抗拒權威、名人或頭銜，這在心理學上已被證實，稱為「月暈效應」。

人類無法抗拒權威的程度，許多研究人員已透過實驗證明。社會心理學家史丹利・米爾格蘭（Stanley Milgram）所做的實驗就相當驚人（請參照本章最後的「專欄」）。

曾經有一個實驗發現，向他人介紹某人是「物理學家」或「郵局員工」後，即使這兩人表達相同意見，他人相信的機率也會出現好幾倍的差異。這是因為人類在意的並不是所說的內容，而是說話的人。

許多廣告會請醫生或牙醫推銷商品，其實就是運用權威的力量。像是「世界食品品質評鑑大賽金牌」或是「宮內廳皇家認證」等獎項，都是借助權威以彰顯保障的案例。

在研究報告寫上「某某大學調查」、「研究中心調查」，就

1　出自：《Popteen》（2010 年 05 月號／角川春樹事務所）。
2　同上。
3　出自：《Popteen》（2010 年 04 月號／角川春樹事務所）。
4　同上。
5　出自：《Popteen》（2009 年 11 月號／角川春樹事務所）。
6　出自：《Popteen》（2010 年 02 月號／角川春樹事務所）。
7　出自：《Popteen》（2009 年 12 月號／角川春樹事務所）。

能夠得到大多數人的信任。

那麼，如果遇到無法借助權威或名人的力量時，該如何是好？這時候就需要栽培專家，將其視為權威。

我們就以酒類專賣店的日本酒 POP 作為探討範例。

普通▶｜店長推薦！

改善▶｜一心一意經營酒類專賣店 18 年的頑固店長真心推薦！

「改善」的文案是不是看起來比較有力呢？這是藉由突顯店長在這一行待了 18 年所培養的專業而帶出權威的形象。

不過，不是只有多年經驗才是專業。以下以錄影帶出租店的電影 POP 為例。

普通▶｜店長推薦！

改善▶｜年看 500 部電影的員工山口，今年哭得最慘的電影。

這個範例也是「改善」比較吸引人吧！即使只是員工，也可以透過年看 500 部電影來達到專業性，而成為權威。

仔細想想，就算 18 年來一心一意經營酒類專賣店，也不代表就擁有辨別好酒的能力；年看 500 部電影也不代表他推薦的都是好電影。不過，無法抗拒權威的人，只要看到比自己厲害的專業人士推薦，就會在無意識之中受到吸引。

因此，各位在替商品製作傳單時，請務必帶入此項技巧。

請使用者背書

　　不論企業、店家、個人，只要是資訊傳遞者的發言，接收方幾乎都不大相信。因為他們都認為資訊傳遞者「只會透露對自己有利的訊息」。相較之下，與接收方站在相同立場的使用者心聲，則較容易得到信任。

　　各位有沒有遇過在店裡挑衣服，遇到店員說「這件我也有買」而決定購買的經驗呢？

　　這是因為店員的角色從「賣家」轉為「與消費者站在同一陣線的夥伴」所致。聽到店員這麼說，我們會覺得「這麼了解商品的人都買了，品質應該不錯」。（當然不可否認的是，店員可能真的有買那件商品，也有可能對每一個人都這麼說）。

　　電視購物頻道銷售健康器材時也是一樣，一定會透過使用者的心聲宣傳商品。因為比起商品生產者傳遞的資訊，觀眾反而比較相信使用者的心聲。

　　被稱為美國廣告界巨人，世界級廣告代理商奧美集團的創辦人大衛・奧格威（David Ogilvy），就曾說過這段話：

　　「文案一定要隨時附上推薦文。對讀者來說，比起匿名文案人員的大力讚賞，更願意接受和自己站在同一陣線的消費者夥

伴的推薦。」（出自《一個廣告人的自白》〔*Confessions of an Advertising Man*〕）[1]

接下來，就假設要為商品製作傳單來練習。

無論寫出多麼吸睛的文案，羅列多少華麗辭藻，接收方都不願意無條件相信廣告內容。這時，就試著刊登與接收方站在相同立場的使用者心聲吧！如此一來，就能提高獲取信任的可能性。

不過，利用使用者心聲的宣傳也必須注意幾點事項。許多刊登使用者心聲的廣告都是令人存疑的商品。正因為這些商品不得消費者信任，才會誇大商品功效。

因此，若是過度讚賞產品或服務，往往難以得到消費者的信任。重點就在這裡。以結果來看，包含負面消息在內，若能誠實說出使用者的心聲，較能獲取信任。若要運用此技巧，就必須更加留意上述幾點。

1　日文名『ある広告人の告白』（David Ogilvy 著／山內 Ayu 子譯／海與月社）。

出其不意，令人大吃一驚

在電影或小說中，有趣的故事通常都會讓觀眾始料未及。廣告文案也是如此。即便文章內容簡短，讀到一半卻發現與當初預想的發展有所出入，人們就會對這出其不意的戰術產生興趣。

來看看 2000 年賣座電影《大逃殺》的廣告文案吧！

範例▶ | 今天的上課內容是：互相殘殺

「今天的上課內容」之後出現「互相殘殺」的字眼，可說是相當令人意想不到的發展。

接下來是 1990 年的美國電影《I Love You to Death》（直譯：我愛你至死）。

普通▶ | 我真的愛死你

⬇

範例▶ | 愛你愛到要殺你

這個「愛你愛到……」與「要殺你」的組合，也是令人意想不到的優秀標題。

下一個是日本三得利罐裝咖啡 BOSS 的廣告，外星人湯米・李・瓊斯調查地球時說的話。

> **範例▶** │ 這個世界一文不值，卻萬分精彩

「一文不值」後面緊接著「萬分精彩」，令人感到出其不意之外，又將「一文不值」和「萬分精彩」參雜形容這個世界，可說是能夠讓人敬佩其用詞巧妙的文案。

接著是 1982 年日本經濟新聞社的廣告文案。

> **普通▶** │ 離開學校也要繼續學習
> ⬇
> **範例▶** │ 各位同學，離開學校，來學習吧！

學校本來應該是學習的地方，這裡卻用了離開學校之後來學習吧，這種矛盾的說法，反而令人備感新奇。基於目前許多大學生不讀書的事實，反而帶出真理。

1998 年日本寶島社新聞廣告的廣告文案，可說是相當有張力。這也是透過出乎意料的用詞，帶出文案令人震撼的力量。

範例▶ 爺爺也需要，性愛

　　這是日本第一次在書面廣告出現「性愛」（片假名「セックスを」）一詞，在此之前，業界不成文的規定，只允許以英文的「SEX」出現。

　　順帶一提，這個廣告是以詩人田村隆伊先生為模特兒。在其癌症過世的九個月前，於病房附近的其他醫院拍攝。攝影是荒木經惟先生，文案則是由前田知已先生負責，相當令人印象深刻。

史丹利·米爾格蘭的權威服從實驗

　　技巧 67 提到的社會心理學家史丹利·米爾格蘭的實驗[1]，一般稱為「權威服從實驗」。這個實驗確實將人類無法抗拒權力或權威的事實化為數據，為人類帶來相當大的衝擊。

　　米爾格蘭首先透過報紙，以調查「懲罰對於記憶的效果」為研究目的，徵求一般美國市民作為受試者。接著，透過抽籤決定學生與老師的角色，分別進去兩個相鄰的房間開始測試。事實上，真正的受試者是老師的角色，而學生則是由實驗人員（跑龍套）扮演。

　　扮演老師的受試者已經接收到米爾格蘭的命令，若隔壁房間的人答錯問題，就要施予電擊懲罰。錯的越多，電壓就會調得越高。在隔壁房間扮演學生者受到電擊，就會痛苦地發出尖叫（實際上當然沒有電流，只是演戲而已）。

　　大部分受試者都會想要放棄。此時米爾格蘭就會下令「這是實驗，請繼續」。竟然有高達 65% 的受試者會將電壓提高至剛開始告知會有生命危險的最高電壓。即便這是在大學的研究室裡面，但如果真正有心想要拒絕也很容易，可他們還是沒有這麼做。因此，所有人都必須有所自覺：「原來人類是多麼無法抗拒權威的生物！」

1　出自：『服従の心理』（Stanley Milgram 著／岸田秀譯／河出書房新社）。

第 **8** 章

勇於「造詞」更吸睛

技巧 70 ［ 試著縮短語詞 ］

> 透過縮短語詞，便能帶出不同的語意，成為新的語詞。

「アラサー」（arasa，日文「約 30 歲」〔around thirty〕的簡稱）、「婚活」、「帥男」（イケメン）等自創語詞，從幾年前開始就有人在使用，到後來更已成為慣用語，這些都是將詞語縮短而來。

「婚活」是「結婚活動」的簡稱，指為了結婚而採取的各種行動。據說，這個詞是由社會學家山田昌弘先生，仿照「就職活動」（就活）一詞而來。「帥男」則是形容臉蛋俊美的男子，是「帥氣男子」或「帥氣臉龐」的省略用法，據說最先使用這個詞的是 1999 年的辣妹雜誌《egg》[1]。

老實說，發明能夠引領流行的自創語詞，通常很難一氣呵成。首先，就從簡單的開始做起。秘訣就是縮短多加的東西。

例如，若要在居酒屋的菜單上表達「好吃」，但老是用相同的詞語會令人感到厭煩。這時，除了「好吃」之外，必須增添描述「味道」或「口感」的形容詞，並將之縮短，藉此表達「好吃」的多樣性。

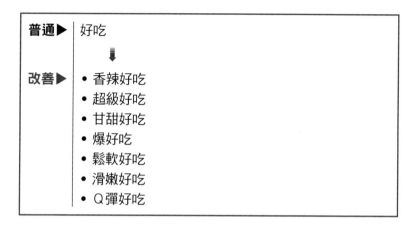

```
普通▶  好吃
         ⬇
改善▶  • 香辣好吃
      • 超級好吃
      • 甘甜好吃
      • 爆好吃
      • 鬆軟好吃
      • 滑嫩好吃
      • Q彈好吃
```

　　從這幾個案例應該可以感覺得到，這些語意分別是形容何種料理。

　　接下來，試著用豐富的語詞來表現食物的口感吧！同樣是「鬆軟」的口感，改變形容方式，印象也會隨之改變。

```
普通▶  鬆軟
         ⬇
改善▶  • 綿密鬆軟
      • 酥脆鬆軟
      • 清爽鬆軟
      • 鬆軟Q彈
```

　　由此可知，表現方法可說是百百種。

　　另外，想要形容衣服之類的東西「可愛」，也可以試著下點功夫。如下列方式。

普通▶	可愛
	⬇

改善▶	• 自然可愛	• 情色可愛	• 綿綿可愛
	• 憐人可愛	• 蓬蓬可愛	• 性感可愛
	• 療癒可愛	• 超級可愛	• 盛裝可愛

專有名詞更常採用這種縮短語詞的手法。許多名詞甚至已經約定俗成，成為固定用法了 [2]。

例如，日文的「パーソナル・コンピュータ」（personal computer，個人電腦），現多已簡稱為「パソコン」（自創詞彙，發音近似 personcom），而「エアー・コンディショナー」（air conditioner，冷氣機）則已簡稱為「エアコン」（aircon），而咖啡連鎖店「星巴克」，在日常生活中則大多會簡稱為「SUTABA」。

光是將現有商品或服務名稱縮短，就能發展出新的名詞。如果商品名稱過長，就必須事先考慮省略後是否能夠琅琅上口。

---

1 編注：台灣著名案例如：「小確幸」及「有 fu」。前者是「微小但確切的幸福」的簡稱，有生活中簡單平淡的快樂之意（相對於追求富裕物質生活的滿足）。此一詞出於村上村樹的《尋找漩渦貓的方法》（時報出版）；後者則是「有 feeling」的簡稱，指「很有感覺」的意思。據說最初源自於粵語，不過英文中並沒有這種用法。

2 編注：台灣著名案例如：「台北車站→北車」、「很有才華、才氣、才識→有才」，連鎖便利商店「7-11（seven-eleven）→小 7」。

組合自創語詞

此手法與技巧 57 有點類似,透過詞語的組合引起化學反應,進而產生具嶄新魅力的自創語詞。

日本 2009 年的流行語「小孩店長」,出自豐田汽車的廣告。「小孩」和「店長」這兩個稀奇組合的自創語詞,讓人產生深刻印象。

「家電藝人」同樣也是日本 2009 年的流行語。「藝人」對「家電」瞭若指掌,這個令人難以聯想的組合,反而博得好評。

雖然時代有點久遠,像是日本 JR 東海線設計的「灰姑娘特急」(指星期日晚上末班車)或俵萬智先生的歌集《沙拉紀念日》等,都是採取相同模式。

以《太陽之塔》、《春宵苦短,少女前進吧》、《四疊半宿舍,青春迷走》等小說聞名的日本小說家森見登美彥先生,也是這種自創詞語組合的名人。接下來就來看看幾個例子吧!

> **範例▶** ・ 朋友拳=朋友+拳擊[1]
> ・ 浪漫引擎=浪漫+引擎[2]

此外,歌手椎名林檎的專輯,也是因為標題性質具不同的組合,令人留下強烈的印象。

範例▶
- 《天真暫停》＝天真＋暫停 [3]
- 《勝訴舞孃》＝勝訴＋舞孃 [4]
- 《下剋上高潮》＝下剋上＋高潮

　　上述都是相當意想不到的組合，想必會令人無法忘懷。重點在於，每一個都是難以混合搭配的詞語。

　　各位不妨試試看，將欲宣傳的業務名稱和難以融合的詞語搭配在一起。說不定能夠發展成獨一無二，極其特殊的自創詞語。

　　這種將不同性質的詞語組合在一起的手法，在命名時也可發揮力量。如果各位是業務員，不妨嘗試利用性質不同的詞語互相搭配，來替自己的經營手法取名。例如以下幾個範例。

範例▶
- **甲魚業務**（一旦抓住就死咬不放的業務員）
- **自助餐業務**（等對方來領取商品的業務員）
- **療癒業務**（不強求而追求療癒的業務員）
- **國王業務**（像國王般等待對方跪拜的業務員）
- **打帶跑業務**（保持適度距離，主動邀約後立即離開，等待對方主動靠近的業務員）

　　上述命名能清楚突顯業務形態。

1　出自《春宵苦短，少女前進吧》。

2　同上。

3　編注：該專輯的中文譯名為《無限償還》。

4　編注：該專輯的中文譯名為《勝訴的新宿舞孃》。

用諧音自創詞語

想要創造新詞時，諧音也是一種相當有效的手法。

以下是出現在針對年輕商業人士的雜誌《日經 Business Associe》的標題，範例巧妙使用了自創詞語。

普通▶	再見了電車通勤 腳踏車通勤者急速增加
	⬇
範例▶	再見了「痛勤」！ 腳踏車通勤者急速增加[1]

將「通勤」和「痛勤」替換，表達尖峰時段的辛苦，這種讀音相近，但替換不同字詞、突顯不同氣氛的技巧，時常可在通俗文化中看到，請看下面的案例。

範例[2]▶	• 連勝 ➡ 連笑（日文「勝」與「笑」同音） • 進擊 ➡ 神擊（日文「進」與「神」同音） • 勝利呼ぶ一打（贏得勝利的一擊） ➡ 勝利呼ん打 　（致勝打擊）[3]

另外，日本國高中生之間也流行使用同音異字來表達「親友」一詞（「親友」本身的意涵也已改變）。

範例▶
- **新友**（剛結交的朋友）
- **信友**（值得信賴的朋友）
- **心友**（打從心底信任的朋友）
- **真友**（真正的朋友）
- **神友**（不用言語也能互相了解的朋友）

其他還有「寢友」、「伸友」、「清友」、「慎友」、「辛友」等，照這樣下去應該有無數種選擇（思考每一種含義，也會相當有意思）。據說在國高中生之間，原先「親友」的意思是指「有點親密的朋友」。

從上述案例可看出，只要使用同音異字，就可以讓語意產生些許改變。請各位試著將此技巧運用在工作上，例如，改變貴公司的部門名稱。以下用同音異字替換營業部（業務部）的「營」字作示範。

普通▶ 營業部

↓

改善▶
- **榮業部**（讓顧客或自家公司繁榮的業務）
- **永業部**（與顧客維持長久關係的業務）
- **銳業部**（精銳聚集的業務部隊）
- **影業部**（化為影子在背後支持的業務部隊）

無論用什麼字替換，跟「營業部」一詞比起來，是不是感覺比較新鮮呢？而且，也能夠讓隸屬其中的員工，更加認知自己的

職責所在。

此外，若名片上印出特別的部門名稱，也容易給予新舊客戶開啟話題的契機，更容易相談甚歡。如果也能替其他部門想一些類似的自創詞語，應該會蠻有意思的。

除了替換字之外，也有「自創語詞」的方法。例如，改變部分慣用句，帶出含有新意的自創語詞[4]。

普通▶	理性至上（頭でっかち）
	⬇
範例▶	情感至上（心でっかち）

這也被運用在《情感至上的日本人》[5]一書的書名中。「情感至上」和「理性至上」意思相反，充分表達了「情感可以解決一切」的想法。

另外，也有一種替換部分四字成語（包含讀音），進而產生新意的手法。

普通▶	文武兩道
	⬇
範例▶	文武兩腦[6]

「文武兩腦」是教養雜誌《edu》提倡的自創語詞。意思是要培養會讀書也會運動的大腦。

像諧音等自創語詞的方法百百種，只要使用恰當就能令人留下深刻的印象。

1　出自：《日經 Business Associe》（2010 年 05 月 04 號擷取自目錄／日經 BP 社）。

2　編注：台灣著名案例如：「就這樣→就醬」、「出來講（台語讀音）→踹共」、「白痴（或霸氣）→ 87 分，不能再高了（兼具誇讚與調侃反諷意味）」、「難受想哭→藍瘦香菇」。

3　譯注：「呼ん打」濃縮了「贏得勝利」的意涵。

4　編注：台灣著名案例如：「釣魚→《釣愚：操縱與欺騙的經濟學》」書名中的「釣愚」一詞不僅具有「釣魚」之意，更突顯了上鉤者是被操縱欺騙所致。

5　日文名『心でっかちな日本人』（山岸俊男著／筑摩書房）。

6　出自：《edu》（2010 年 04 月號／小學館）。

技巧 73 ▶ 串起字首

現在有許多公司會改變原有的名稱，將英文名的第一個字母串聯起來，當作公司正式名稱。例如，日本電信電話株式會社→ NTT（Nippon Telegraph and Telephone Corporation）、JR（Japan Railways）、東京廣播→ TBS 電視（Tokyo Broadcasting System Television, Inc.）等，都是採用這種方式。

最大原因是「較容易被記住」。以相同的方式串起字首，再依照法則處理或是自創語詞，便能讓人記憶猶新。

首先介紹將英文第一個字母串聯起來的範例。

範例▶ ｜3R 省錢術

這是消費者為了生活安全而採取的省錢方法，近來經濟狀況愈趨嚴峻，使這個詞越來越常見。所謂的 3R 即「Repair / Reuse / Rent」（修理／重複利用／租借），而原先的 3R「Reduce / Reuse / Recycle」（減量／重複利用／回收再利用），是用於談論環境問題，上述用法應是由此聯想而來。

範例▶ ｜ID 棒球

這是 1990 年，野村克也先生接任養樂多棒球隊總教練時的口號。ID 是「Important Data」的簡稱，意指不受限於經驗或第六感，以數據為基礎，從科學的角度引領隊伍，已成為野村先生的代名詞。如果當初沒有自創「ID 棒球」一詞，此詞與野村先生的連結應該不會如此深厚。

下面是日本警察機關針對兒童犯罪所提出的警告標語。

範例▶ | いかのおすし（烏賊的御壽司）

這句話雖然能夠吸引注意，不過光從字面上應該無法理解要傳達的內容。「烏賊的御壽司」其實是從下列字句省略而來。

範例▶
- いか（烏賊）………知らない人についていかない
  （不跟不認識的人走）
- の（的）………他人の車にのらない
  （不搭別人的車）
- お（御）………おおごえを出す（大聲求救）
- す（壽）………すぐ逃げる（立刻逃走）
- し（司）………なにかあったらすぐしらせる
  （發生事情立刻告訴大人）

嚴格來說，這並不算是取第一個字的省略方式，但卻是個有效吸引注意、容易記憶的技巧。不過，這個手法並不局限於英文，像這裡的「平假名省略法」也相當常見。

請參考這個串聯第一個字的手法，替工作或公司所提供的服務，想出一個表現方式吧！

技巧 **74** [**二次創作**]

　　即使下定決心創造一個獨特的自創語詞，也不一定能夠立刻想出來。不過有個相對簡單的方式，就是從流行的新詞彙中尋找靈感，進而發展出二次創作。

　　若要用依樣畫葫蘆的方式尋求成功，有一個相當重要的因素，就是「聽起來的感覺，需要與原本的新創語詞相近」。

　　那麼，接下來就來看看，如何從曾經風靡一時的新創語詞，透過再次創作轉型成功的案例吧！

原文▶ | アラサー （arasa，約 30 歲〔around thirty〕的簡稱）

運用▶ |
- アラフォー （arafo，約 40 歲〔around fourty〕的簡稱）
- アラフィー或アラフィフ （arafi 或 arafifu，約 50 歲〔around fifty〕的簡稱）
- アラカン （arakan，即將迎接花甲之年，約 60 歲）

原文▶ | 婚活（結婚活動）

運用▶ |
- 離活（離婚活動）
- 朝活（上班前的活動）
- 休活（假日的活動）
- 婚壓（周遭加諸的結婚壓力）

原文 ▶	帥男
	⬇
運用 ▶	• 乙男（粉紅系男孩、懷有少女情懷的男性） • 育男（育兒的男性） • 家男（家事與育兒都做得很好的帥氣男性）

原文 ▶	草食男
	⬇
運用 ▶	• 便當男（自帶便當的男生） • 甜點男（喜歡甜點的男生） • 裝飾男（過度打扮自己的男生）

原文 ▶	腦練（大腦訓練）
	⬇
運用 ▶	• 腸練（腸道訓練。養樂多提倡） • 臉練（臉部鍛鍊）

　　想出像「**原文**」般跨時代的語句，並不是一件簡單的事情。不過，若是想要抓住第二隻，甚至是第三隻泥鰍（新的自創語詞，意指效法他人成功經驗）的話，並不是極其困難之事。

　　如果要運用這個技巧，就必須重複演練以下動作：聽到可能會帶動流行的語句，就立刻與自家商品或服務連結。不斷重複演練，總有一天會抓到第二隻或第三隻泥鰍。

大宅狀一的名言創造力

大宅狀一先生是日本戰後知名的新聞工作者先驅，留下了許多名言與自創語詞。不過出乎意料的是，其中大多是參考其他材料而來。

例如，大宅先生的著作中有這麼一句話：「男人的臉就是一張履歷表，」這句話其實大有來頭。

原文▶	他對自己的臉並不滿意。人只要過了 40 歲，就必須對自己的長相負責。他的臉是不行的。
	⬇
運用▶	男人的臉就是一張履歷表

「原文」是出自美國第 16 任總統亞伯拉罕‧林肯之口，是個相當知名的小故事。傳聞林肯以不喜歡某人的長相為由，回絕了一位閣員人選。他的幕僚抗議：「怎麼可以用長相判斷一個人！」林肯卻回應：「人只要過了 40 歲，就必須對自己的長相負責。」（也有人說，其實這句話是出自他處，但被替換為林肯所說。）

大宅先生就是從這個小故事得到靈感，想到「男人的臉就是一張履歷表」這句話。

除此之外，大宅先生所自創的「口 comi」（口頭 communicate）、「一億總白痴化」等詞語也相當出名。

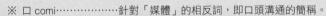

※ 口 comi……………………針對「媒體」的相反詞，即口頭溝通的簡稱。

※ 一億總白痴化……批評電視低俗節目的詞彙。由「一億總中流化」（指
　　　　　　　　　　日本有一億國民朝中產階級發展）這個新創詞語產生
　　　　　　　　　　的二次創作。

第**9**章

以「故事」喚醒情感

技巧
75

寫成故事吸引群眾

> 在此簡單說明一下，這裡的「故事」是指商品或與其有關之人的相關小插曲。如果在文案中蘊含「故事」，便能打動對方的情感。

人類最喜歡的就是「故事」。現存的故事中，就有一些是從上古時代流傳至今。故事擁有能夠影響人類情感，使人留下深刻印象的力量。撰寫文案也是一樣，只要帶有故事性，人就會不知不覺受到言詞的吸引。

日本有一間名叫「遊牧民」的公司，專門銷售英語會話教材。我們就來看看該公司刊登在報紙上的廣告文案吧！以下是一篇長文的開頭。

範例▶ | 我 19 歲時，母親替我買了一張前往洛杉磯的機票。「美國似乎可以一邊工作一邊讀大學。妳去那邊加油吧！」這是 48 年前的事情。

故事由此展開，在這之後主角一路上遇到了許多波折，不久後步入禮堂。擅長英語的丈夫為了英語欠佳的妻子不斷努力摸

索、製作教材⋯⋯。這個文案用細小的字體，寫滿報紙整整一面。一般來說，為了讓廣告文案容易閱讀，「盡量減少文字數量」是基本原則。這個廣告明顯違背原則，閱讀起來相當吃力，不過因為內含故事，令人不禁想要繼續看下去。這間公司似乎定期刊登這則廣告，可見讀者的回響應該不錯。總而言之，故事就是有一股龐大的力量，足以吸引閱聽人。

看到這裡，各位心中肯定會浮現一個疑問，「如果要將欲傳遞的訊息寫成故事，不就需要長篇大論？可是，這本書不是教我們，要用一句話抓住人心嗎？」

沒錯，為了讓讀者了解故事全貌，文章必須有一定字數才行。不過，即便是短短的一句話，也能讓讀者意識到其中的故事性，引起想要閱讀內容的欲望。

本書技巧 10 提及的《增加 19 倍銷售的廣告創意法》作者約翰‧卡普萊斯，就曾成功證明即使只是廣告文案，也能讓故事成立。卡普萊斯在剛成為文案人員之際，就寫出了後來被稱為傳說的知名文案。那是一間音樂學校的函授課程廣告。

> **範例▶** 我坐到鋼琴前，大家都笑了出來。
> 可是一旦我開始彈奏⋯⋯！

各位感覺如何？就算是這種長度的文章，故事是不是也能浮現眼前？事實上，即使過了好幾十年，卡普萊斯所寫的這個文案，依舊會被稍作修改用在許多地方。想必各位都曾經看過。

例如，下列是改編為英語會話補習班的廣告。

| 範例▶ | 搭電車時，若遇到外國人向我搭話，旁邊的朋友便會不懷好意地竊笑。可是當我流暢地回答，朋友的眼神便會轉為尊敬。
而我的英語是在哪裡進步的呢…… |

上述案例幾乎沒有任何變動，不過各位應該可以發現，只要用第一人稱對他人說話，就能喚起故事，這種方法可以運用在各種商品上。

接下來試著用這個方式思考健康器材的文案。

| 普通▶ | 產後體重增加，妳已經放棄了嗎？ |
| 改善▶ | 生完小孩後，體重比以前增加 10 公斤。
原本以為已經回不去而死心了。不過…… |

下一個以修繕公司的文案為例。

| 普通▶ | 稍微漏水就是危險的徵兆。 |
| 改善▶ | 原本以為稍微漏水沒關係，完全沒想到，一年後會釀成這般悲劇…… |

書店的 POP 也可以使用故事宣傳手法。

普通 ▶	認真推薦給各位
	⬇
改善 ▶	在書店工作 12 年，這還是我第一次遇到，能如此撼動我心的書。或許我就是為了與這本書相遇，才做了多年書店店員。

各位覺得如何？雖然稍微誇張了一點，不過是否歷歷在目呢？

就算只是呈現過去的狀態，也能夠形成一個故事。

範例 ▶	5 年前，我是在公園過日子的流浪漢。

上述所有文案都是以人為主角。使用商品或公司名稱替換，也能創造出新的故事。

以商品為主角時，能以「商品開發故事」、「對選材製法之講究」、「絕對不能讓步的原則」、「用於製品的最新技術」等為故事主題。

若要以公司為主角，則可以「公司創業故事」、「危機處理故事」、「未來願景」等為題，下列可作為參考。

普通 ▶	使用嚴選產地的大豆
	⬇
改善 ▶	在遇見我認為「就是這個」的大豆之前，曾實際拜訪日本各地超過 300 間農家。

這是堅持做出好豆腐的文案。將老闆對於素材的講究，寫成一個故事。

普通▶ 50 年的歷史與傳統的味道

⬇

改善▶ 「聽好了。蛋糕啊，一定要在吃下去的瞬間，讓人露出笑容才行。」守護已故祖父的遺言，這 50 年都認真製作蛋糕。

這是西洋糕點老店的文案，將其歷史化為故事。上述範例用於網站或傳單上，都會得到相當不錯的效果。

其實到目前為止介紹過的所有故事，都是依循某種法則而來。雖然說是故事，若沒有遵循這個法則，也不大能夠發揮效果。至於是什麼法則，請看下一則技巧 76。

技巧 76 [故事的黃金定律]

> 若要導入故事，就必須意識到「故事的黃金定律」。確實遵循黃金定律，故事才會更加閃亮耀眼。

　　故事的黃金定律，就是觸動「全人類共通的感動開關」。即使內心深知「又是一樣的模式」，但只要開關一旦開啟，還是會不知不覺深受感動。

　　具體來說，就是兼具下列 3 點要素的狀態。

故事的黃金定律

① 主角本身（或被迫）有所不足
② 懷有一個遙遠又險峻的目標
③ 面臨無數障礙，甚至是與其作對之人

　　好萊塢電影、娛樂性小說，以及運動漫畫等，許多不同的故事情節都會遵循這個黃金定律。除此之外，電視上常看到介紹人物或企業的紀錄片，也多是遵照這個「黃金定律」。

　　例如，2000 ～ 2005 年在日本 NHK 播出大受歡迎的《X 計畫：挑戰者》，正是運用黃金定律的典範。

　　以下舉出幾個日本節目，光是看到節目名稱就知道都是遵循了此定律。

範例▶	● 《窗邊族做出的世界規格：VHS・執著的逆轉勝》
	● 《走過好友之死：青函隧道・長達 24 年的大工程》
	● 《跨越海洋的甲子園：熱血教師・沖繩棒球淚水的初次勝利》
	● 《汪克爾 47 名戰士的決鬥：夢想的引擎・由廢墟誕生》
	● 《挑戰寒冬黑四水壩：斷崖絕壁的運輸作戰》
	● 《鄉下工廠大逆轉，征服世界：石英鐘・革命性的手表》

　　上述都是有所不足的主角，為了達成遙不可及又險峻的目標，不惜越過種種障礙與糾葛的故事。透過黃金定律便能帶來感動。

　　重新檢視技巧 75 所舉出的故事範例，可知全都是按照黃金定律寫成的。因此，如果各位要創作故事，不妨將黃金定律謹記在心。

　　「加入故事」的手法，也可運用在進行簡報之際。根據主角的選擇，故事走向也會有極大不同。

　　主角人選有「聆聽方」（顧客）、「生活者」（消費者）與「提案人」（各位或是公司）三者。

　　以「聆聽方」為主角的故事架構如下：一個有問題（欠缺）的顧客需跨越種種障礙，朝著遠大又艱難的目標前進。這時必須向顧客展現您的提案，對於跨越障礙能提供何種貢獻。

接著是以「生活者」為主角。對於顧客的商品或服務有所不滿（欠缺）的消費者，藉著實施簡報的內容，得到了更加美好的未來。

最後則是以「提案人」（各位）為主角。這裡要採取的手法，就是敘述各位本身或是公司的故事。

這時並沒有必要刻意強調欠缺的部分。「我們因為這樣，成功獲得勝利。」「其他公司曾經因為相同做法而得到莫大利益，所以我們也向您提出相同提案。」只要建立上述故事架構即可。此項手法尤其適用於有十足實績的提案人（或公司）。

總而言之，只要透過故事就能夠大大影響人類的內心。

勾起探究後續的興趣

如果故事說到一半就沒了，接收方就會按捺不住想要知道後續發展的心情。這種心理作用，稱之為「蔡格尼效應」（Zeigarnik effect）。接下來將說明如何利用此種心理作用來撰寫文案。

所謂的蔡格尼效應是指「如果尚未知道答案就被迫中斷，就會不斷尋找後續發展的潛意識作用」。本書技巧 20 的「觸發好奇心」和技巧 28 的「出題猜謎」，皆可說是善用蔡格尼效應而生的技巧。

這裡是針對富有故事脈絡的蔡格尼效應進行說明。尤其是導入了故事，卻又在半途戛然而止，會達到最佳效果。

以下是餐飲公司說明會的文案。

> **範例▶** 我們要召開一個傳說中的公司說明會，讓宣稱「絕對不進入餐飲業」的學生改變想法。只有當天參加的人才能知道說明會內容。

各位覺得如何呢？或許會引起某些人的反感而無視這段話，不過也能成功引起某些人對說明會內容感興趣。

接下來就來看看，旅遊代理商在網路上的文案吧！

> **範例▶** 已經決定暑假的行程了？
> 這樣的話，請不要繼續看下去。
> 因為只會讓你後悔而已。

這個文案是否讓人即使已經決定好暑假行程……，不，就是已經決定好了，才會更想知道內容吧！

不光是蔡格尼效應，只要能夠善加利用熟知人類心理作用的技巧，打動接收方內心的機率就會提升許多。因此站在接收方（消費者）立場時，就要注意不要輕易上當。尤其是會直接進入商品購買程序的情況，更需要仔細思考「是否真的需要」、「是否受寫作技巧所誘惑」。

為此，自己也熟知心理學的寫作技巧是最好的方法。在本書中看到覺得很有效的技巧，就必須注意當立場調換時，不要上當。

最後，我要運用蔡格尼效應，寫下一則文案，讓各位不自覺就會想要購買此書。在書店翻閱本書的各位，要小心不要上當喔！（笑）

第 x 個禁忌的技巧是？

除了前面的 77 個技巧，本書其實還存在一個筆者刻意不寫出來的「第 x 個禁忌技巧」。如果各位有良心，可能不要知道比較好。如果各位仍然想要知道，請放心——購買本書的每一位讀者，讓我帶領各位進入第 x 個技巧的網址吧[1]！

http://bw.businessweekly.com.tw/publish/copyXskill.pdf

1　編注：本書為便於讀者閱讀，直接收錄於書中。請見下一頁。

讓人聯想到情慾意涵

> 自古在廣告和行銷業界，就存在一個近似黃金定律的格言，「sex sells」（性無不銷）。無論直接或間接，只要能讓消費者聯想到那一方面的事情，必定會大賣。

從 1990 年代至今，冰淇淋大牌哈根達斯的廣告一直都既性感又撩人，令人不禁聯想到情慾方面的事情。相互纏綿的外國男女，最後以一句「Shall we Häagen-Dazs?」（要不要一起哈根達斯呢？）來挑逗對方，其廣告策略就是將過往「冰淇淋是小孩吃的食物」的認知，轉為「大人的高級冰淇淋」。

許多商品都是因為廣告中出現女孩寬衣解帶的場景而蔚為話題，進而帶動商品的銷售成績。

年代較久遠的是 1980 年日本美能達的單眼相機廣告。後來成為知名女演員的宮崎美子小姐，在樹蔭下嬌羞地脫掉 T 恤和牛仔褲，並露出泳衣的場面，受到相當大的回響。

此外，由 AKB48 板野友美所代言的伊藤洋華堂的泳衣廣告也是相同模式。廣告讓人想說她要脫掉洋裝，結果裡面是成套的泳衣。「いって みヨーカードー」（意指去伊藤洋華堂看看，日文與公司名稱省略了第一個字，巧妙結合）這種採取雙關語的廣告文案，也令人相當難忘。

像這樣，許多廣告內容實際上與商品本身無關，卻刻意讓人聯想到情慾方面的事情（尤其多見於美國），是因為有個值得參考的數據顯示，只要引起觀眾興趣和關心，收看時間便會拉長。

　　收看時間拉長，觀眾對商品的記憶就會更深刻。再來，看到刺激的影像，人類便會情緒高漲。而高漲的情緒，有時會和對商品的欲望參雜不清。以剛才提到的哈根達斯為例，大腦已經產生錯覺，誤以為看到情慾影像而高漲的情緒，是對冰淇淋的渴望。

　　到幾年前為止，在居酒屋等店家還會常看到穿著泳衣的女性手拿啤酒杯的海報。其實，這與上述案例是相同原理。仔細思考，啤酒與穿著泳衣的女性根本毫無關聯，但是只要看到海報而情緒高漲，就會誤以為自己有喝啤酒的欲望。

　　以朝情慾方面聯想來說，語言的威力雖然不及影像或視覺的效果，但也能確實讓接受方情緒高漲。像是「推進」、「做」、「吃」、「騎」等常見動詞的背後，都含有性慾意味。這不光是日文，許多語言都有共同的現象。另外，更加直接的詞彙像是「感覺」、「放入」、「濕透」、「站立」等，也會令人聯想到情慾。一般來說，其實單字本身並沒有這種意思。

　　最明顯的就是歌曲的歌詞。尤其是情歌歌詞所使用的詞彙，雖然有直接或間接之別，但深入琢磨就會發現大多會令人聯想到情慾。除了上述提及的單字之外，還有像是「擁抱」、「接納」、「滿溢」、「融化」、「呻吟」、「熱情」、「合而為一」、「幽香」、「滿足」等，還有很多類似字詞都是刻意為之。因為如此，聽的人才會自然而然感到情緒高漲。

　　廣告文案若能讓觀眾聯想到情慾，也會令人印象深刻。例

如，日本殺蟲劑大牌金鳥，就透過會讓接收方解讀為不正經的語詞，留下令人難忘的印象。在廣告中，由豐川悅司先生扮演一個看似極度不中用的男人，說出下列台詞：

> **範例▶** 「看是要持久的，還是要強力的，今晚要選哪一種金鳥呢？」

另外有一支廣告則是由井川遙女士俯臥在塌塌米房間中，低聲說出下列台詞。

> **範例▶** 「快點拿出來，快點解決掉！」

上述兩者都是透過讓人聯想到情慾之事，讓殺蟲劑廣告具有差異化，令人備感印象深刻。不過，這裡所說的聯想到情慾之事的手法，如果使用過於直接，將會引起反效果。

1996 年，日產 Skyline 的廣告文案就因為「會令人想到性行為」而被迫停播，改用其他文案。最初的文案是由藝人牧瀨里穗小姐一邊丟出車鑰匙，一邊說道：「是男人的話，就坐上來吧！」（後來更改為「想要帥氣的話，就坐上來吧！」）

在工作場合中，或許幾乎沒有使用「讓人聯想到情慾意涵」技巧的機會。如果要使用，秘訣就是盡量輕描淡寫帶過，讓接收方以為「說不定，和 H 方面有關」。

請善用本書所介紹的技巧，在工作或日常生活中寫出足以抓住眼球、刺進要害、留在心上的「廣告文案」，為未來開出一條道路吧！

結語
能刺進要害的文案隨時都在變

　　感謝各位將《逼人買到剁手指的 77 個文案促購技巧》閱讀到最後。

　　市面上一般有關文案撰寫的書籍，大多是由知名廣告人，或是銷售現場工作者「單純為了銷售」而寫的書。

　　在過去，「廣告文案力」或許是專家或銷售現場人員才需具備的能力；不過，在網際網路發達的現代社會，寫行銷文案的機會大幅增加，事情有了相當大的轉變。

　　在工作場合，有時短短一句話就會決定成敗。現在，「廣告文案力」已成為一般工作者最需具備的能力。雖說如此，在市面上卻找不到「針對一般上班族解說，如何撰寫那關鍵一行字的書」。這就是筆者撰寫本書的最大的契機。

　　本書草稿經過編輯川上聰先生（雖然同姓，可我們不是親戚）從一般上班族的角度檢視，並指出許多不足的部分。因此，我可以很自豪地說，改善這些不足之處後，本書能對更多人帶來幫助。

　　再者，本書基於提升廣大工作者「廣告文案力」的主旨，從各種媒體引用了許多文案作為「**範例**」。在此對給予諒解的相關業界人士，致上最高謝意。感謝各位。

川上徹也

逼人買到剁手指的 77 個文案促購技巧

作者	川上徹也
譯者	涂綺芳
商周集團執行長	郭奕伶
視覺顧問	陳栩椿
商業周刊出版部	
總編輯	余幸娟
責任編輯	徐榕英
封面設計	Javick 工作室
封面插畫	郭晉昂
內頁排版	張靜怡
出版發行	城邦文化事業股份有限公司 - 商業周刊
地址	104 台北市中山區民生東路二段 141 號 4 樓
	電話：(02)2505-6789 傳真：(02)2503-6399
讀者服務專線	(02)2510-8888
商周集團網站服務信箱	mailbox@bwnet.com.tw
劃撥帳號	50003033
戶名	英屬蓋曼群島商家庭傳媒股份有限公司城邦分公司
網站	www.businessweekly.com.tw
香港發行所	城邦（香港）出版集團有限公司
	香港灣仔駱克道 193 號東超商業中心 1 樓
	電話：(852) 2508-6231　傳真：(852) 2578-9337
	E-mail：hkcite@biznetvigator.com
製版印刷	中原造像股份有限公司
總經銷	高見文化行銷股份有限公司　電話：0800-055365
初版 1 刷	2017 年 2 月
二版 13.5 刷	2022 年 6 月
定價	320 元
ISBN	978-986-94226-3-5（平裝）

Original Japanese title: CATCH COPY RYOKU NO KIHON
© T. Kawakami 2010
Original Japanese edition published by Nippon Jitsugyo Publishing Co., Ltd.
Traditional Chinese translation rights arranged with Nippon Jitsugyo Publishing Co., Ltd.
through The English Agency (Japan) Ltd., and AMANN CO., LTD.
Complex Chinese edition copyright © 2017 by Business Weekly, a division of Cite Publishing Ltd.

國家圖書館出版品預行編目資料

逼人買到剁手指的 77 個文案促購技巧：抓住眼球、刺進要害、
留在心上的廣告文案力／川上徹也著；涂綺芳譯. -- 初版. --
臺北市：城邦商業周刊，民 106.02
240 面；14.8×21 公分.
譯自：ひと言で気持ちをとらえて、離さない 77 のテクニック
　　　キャッチコピー力の基本
ISBN 978-986-94226-3-5（平裝）

1. 廣告文案　2. 廣告寫作

497.5　　　　　　　　　　　　　　　　　　106000691

藍學堂

學習・奇趣・輕鬆讀